AI 大模型

助力高效学习锂电技术：从入门到实践

钟隽　著

重庆大学出版社

图书在版编目（CIP）数据

AI大模型助力高效学习锂电技术：从入门到实践 /
钟隽著. -- 重庆：重庆大学出版社，2025.3.
ISBN 978-7-5689-4995-8

Ⅰ. TM912

中国国家版本馆CIP数据核字第202554MK97号

AI大模型助力高效学习锂电技术：从入门到实践

AI DA MOXING ZHULI GAOXIAO XUEXI LIDIAN JISHU: CONG RUMEN DAO SHIJIAN

钟 隽 著

责任编辑：苟荟羽　　版式设计：苟荟羽
责任校对：王　倩　　责任印制：张　策

*

重庆大学出版社出版发行
出版人：陈晓阳
社址：重庆市沙坪坝区大学城西路21号
邮编：401331
电话：（023）88617190　88617185（中小学）
传真：（023）88617186　88617166
网址：http://www.cqup.com.cn
邮箱：fxk@cqup.com.cn（营销中心）
全国新华书店经销
重庆正文印务有限公司印刷

*

开本：720mm×1020mm　1/16　印张：13　字数：223千
2025年3月第1版　　2025年3月第1次印刷
ISBN 978-7-5689-4995-8　　定价：68.00元

前言

2022 年 11 月，由 OpenAI 公司研发的 ChatGPT 一经问世，便以其惊人的表现吸引了全世界的注意。在不到 2 个月的时间里，用户数量就突破了 1 亿。人们发现，ChatGPT 不仅能就各种问题与人进行深入交流，生成高质量的对话内容，还能完成一系列高智能任务。无论是代码修改、文本创作，还是学习辅助、数据分析，它都能轻松应对。一时间，人们身旁多了一个智能"生产工具"。

ChatGPT 中的 GPT 是 Generative Pre-trained Transformer 的缩写，也就是生成式预训练变换器，这是其优异表现背后的核心技术，即以大语言模型为代表的生成式人工智能技术。在数据、算法、算力的共同加持下，大语言模型不断进化，从 GPT1 到 GPT4，模型参数规模从 1.17 亿增加至 1 750 亿，训练数据从 GB 量级扩至 TB 量级。这种大数据与大算力的"化学反应"，赋予了模型两大核心能力：知识编码和储存能力、文本和代码理解及生成能力。生成式人工智能技术正逐步成为信息化、数字化、智能化的新型技术底座，被认为是实现通用人工智能最有潜力的技术路线之一，有望推动新一轮科技变革，促进千行百业发展，并对科学和社会产生深远的影响。

2023 年年末，中国工程院在北京发布 2023 年全球十大工程成就，ChatGPT 毫无悬念地入选，与 ChatGPT 同时入选的还有锂离子电池。自索尼公司在 1991 年推出第一款商用锂离子电池产品以来，凭借其高比能量、长寿命和低污染等卓越性能，锂离子电池迅速发展，在移动电话、便携式计算机、电动汽车、人造卫星、航空航天和储能等领域广泛应用，极大地改变了人们的生活和生产方式，成为销量最高的二次电池体系。

展望全球，气候变化形势严峻，继《京都议定书》和《巴黎协定》奠定绿色发展基础后，碳中和目标已成为全球共识，可持续绿色低碳发展观念深入人心。2020 年，中国在第七十五届联合国大会上宣布，二氧化碳排放力争于 2030 年前达到峰值，努力争取 2060 年前实现碳中和目标。"双碳"目标下，加快构建以新能源为主体的新型电力系统成为相关行业的聚焦热点，储能作为新能源的孪生兄弟，迎来爆发式增长。锂离子电池技术作为催生新产业、新动能的主角之一，已经成为能源、信息、交通、医疗、航空航天、先进装备、智能建筑和国家安全等领域的关键支撑技术，吸引了广泛的社会关注，受到了各类资本的追捧。鉴于此，越来越多不同专业背景的人士希望了解和学习锂离子电池技术，学习需求极其旺盛。

锂离子电池技术涉及矿产、电池材料、电芯、模组、系统集成等多个产业链，是多学科知识的具体工程实践，工艺环节复杂且高度流程化。在外人看来，锂离子电池是传统且有点"傻大笨粗"的工业产品，在远离市区的厂房中，在机器轰鸣的流水线上，由身穿洁净防尘服、手脚麻利的工人组装而成。由于这种生产过程远离日常生活，且缺乏实践机会，若没有专业人员帮助，学习者想要在短时间内通过专业书籍摸清锂离子电池技术的门道十分困难，通常会花费大量时间囫囵吞枣地记忆一些专业词汇，但最终学习效果往往不尽如人意，事倍功半。

通过感性观察和发问对答的方式学习是刻在人类基因里的学习本能，获取信息的效率极高。然而，不是每一个人身旁都有能随时请教的专业人员和能随时访问的生产线。在这方面，AI 大模型有着先天的优势。在庞大的数据库基础上，AI 大模型具有强交互、强理解和强生成的能力，可通过不断追问，构建提示词链条，从而获取文本、图片、视频等多模态信息，犹如从水晶珠子中透射出的各种色彩斑斓的光。而我们要做的是，利用与生俱来的逻辑思维和想象力，将这些光绘成不同的画卷。

本书围绕锂离子电池关键技术，通过借助 AI 大模型快速学习这些关键技术的案例，一方面，为读者提供高效使用 AI 大模型的方法与技巧，另一方面，帮助零基础的非专业人士快速摸清锂电池技术门道，实现快速入门。此外，在实践部分，本书以锂离子电池模组热失控蔓延实验为例，展示了 AI 大模型在实验中的具体应用场景和效果，希望抛砖引玉，为锂电从业者、研究人员、工程师和学者提供新思路和新方法。

由于作者水平有限，书中难免有不妥或错漏之处，恳请读者批评指正（联系邮箱：zhongjun_612@163.com）。

作　者

于深圳南山

2025 年 1 月

目 录

入门：

借助 AI 大模型
进入锂电世界

第 1 章

借助人工智能走进锂电技术

1.1 人工智能技术发展历程

人工智能（Artificial Intelligence，AI）技术发展历经 6 个时期：探索期、第一次寒冬期、技术积累期、第二次寒冬期、技术沉淀期、爆发期。

1）探索期

人工智能的概念可以追溯到 20 世纪 40 年代和 50 年代，这个时期有以下标志性事件：

图灵测试：英国逻辑学家、数学家、计算机科学的先驱艾伦·图灵（Alan Turing）提出"机器思维"（Machine Thinking），即智能与思维能力并非人类独有，机器也可能具备智能。1950 年，图灵发表了代表作《计算机器与智能》，在其中提出影响深远的图灵测试（Turing Test），即验证机器是否具备智能的方式。图灵预言，到 2000 年，机器可以在 5 min 的问答中骗过 30% 的人类裁判。

达特茅斯会议：1956 年 8 月，第一次人工智能会议在美国达特茅斯学院召开，会议围绕利用机器模仿人类学习以及其他方面的智能开展研讨，议题包括以下方面：可编程计算机、神经网络、计算规模理论、机器学习等。研讨会上推出了"逻辑理论家"（Logic Theorist）程序，通过了图灵测试，证明了人工智能的可行性。

2）第一次寒冬期

人工智能技术在诞生之初就处于黄金时期。对新技术的热情和亢奋，让科学家们严重高估人工智能技术发展的现状和速度，从而设定了一系列过于乐观的目标。但是，由于当时的人工智能受限于计算性能和算法，能做的事情十分有限，应用的效果也不尽如人意。随之而来的是无法实现预期目标的失望和怀疑。1973 年，著名数学家莱特希尔撰写了一份名为《人工智能：一般性的考察》的研究报告，提交到英国政府。报告严厉批评了当时的机器人技术、语言处理技术和图像识别技术，得出人工智能无法解决实际问题、纯属浪费钱的结论。后来，英国和其他国家大幅削减了对人工智能的经费投入，人工智能技术的寒冬来临。

3）技术积累期

随着计算机技术的发展与普及，传统的逻辑计算思想演化为符号主义和联结主义两大学派，这两大学派有效地解决了上一次人工智能寒冬所面临的问题。取得突破性进展的技术包括以杰弗里·辛顿（Geoffrey Hinton）和约翰·J. 霍普菲尔德（John J. Hopfield）为代表的人工神经网络机器学习，以及能够像人类专家一样解决复杂问题的"专家系统"（该系统能够利用行业专家的知识来解决特定领域的问题）。当时非常著名且具有代表性的专家系统有"MYCIN""DENDRAL""XCON-R1"等，据报道，这些系统每年为用户节省了数百万美元的成本。

4）第二次寒冬期

正当专家系统的商业价值获得企业的认可和追捧时，已有的专家系统频繁出现各种无法解释和修复的问题，导致人们对专家系统的可信度和可靠性开始产生质疑。此外，在开发专家系统时，很多专家无法清晰、准确地描述问题的思考和解决过程，使得知识推理很难实现逻辑化，实用性大打折扣。这些因素导致人工智能技术的热度没能持续太久，从而迎来了第二次寒冬。

5）技术沉淀期

随着互联网技术的发展与普及，以及计算机计算能力的显著提高，人工智能技术在 1990 年至 2000 年间开始复苏。这个时期主要以复杂的机器学习算法和增强学习为代表，具有代表性的事件是深蓝计算机的问世。1997 年，IBM 开发的深蓝计算机以 3.5 ∶ 2.5 击败国际象棋大师卡斯帕罗夫，成为历史上第一个在标准国际象棋比赛中战胜卫冕世界冠军的计算机系统。这一胜利标志着国际象棋历史的新时代，证明了计算机在某些复杂任务上能超越人脑。

6）爆发期

2010 年是人工智能历史上的一个转折点，深度学习的兴起彻底改变了人工智能领域。以神经网络为基础的深度学习方法在图像识别、语音识别和自然语言处理等多个领域取得了革命性的成果。重要的里程碑包括：

沃森（Watson）问答系统：2011 年，IBM 和美国德克萨斯大学联合研制的超级电脑"沃森"在美国最受欢迎的智力竞猜电视节目《危险边缘》中击败该节目历史上两位最成功的选手，成为新的王者。

图像识别领域机器的突破：2015 年，在 ImageNet 挑战赛上，基于卷积神经网络技术的机器识别表现首次超过了人类。这被公认为是一个里程碑式的突破。在此之前，2010 年算法的图像识别错误率在 25% 左右，但到 2015 年，计算机图像识别错误率已经低于人类水平（人类水平大约是 4%）。

AlphaGo 问世：2016 年，AlphaGo 与围棋世界冠军、职业九段棋手李世石进行围棋人机大战，以 4∶1 的总比分获胜；2016 年末 2017 年初，该程序在中国棋类网站上以"大师"（Master）为注册账号与中日韩数十位围棋高手进行快棋对决，连续 60 局无一败绩。

ChatGPT 问世：2022 年，OpenAI 公司发布 ChatGPT，它能够像人类一样进行聊天交流，同时能高质量地完成各种任务，包括撰写邮件、视频脚本、文案、代码、论文以及翻译等。

1.2　AI 大模型简介

大模型是使用海量数据训练得到的深度神经网络,具有丰富的世界知识、通用任务解决能力、复杂任务推理能力、指令遵循能力、对齐能力和工具使用能力,同时支持多模态交互,实现了智能的涌现,展现出类似人类的智能。

大模型技术正处于高速发展阶段,自 GPT-3 开始,OpenAI 团队在技术报告中逐渐减少了对核心技术细节的公开披露,更多地关注模型评测和应用效果。尽管其他公司(如 Anthropic 和 Google)在尝试复刻 GPT 系列模型的能力,但 OpenAI 在大模型技术上仍然保持明显的领先优势。直到 2025 年,DeepSeek 的开源大模型开始引发关注,尤其是其发布的 DeepSeek-V3,以极低的训练成本实现了媲美 GPT-4o 和 Claude Sonnet 3.5 等顶尖模型的性能。近些年,国内外性能突出的大模型如表 1.1 和表 1.2 所示。

表 1.1　国际代表性大模型

模型名称	机构 / 公司	特点
GPT-4 / GPT-4o	OpenAI	强大的生成能力,多模态功能,支持广泛任务
Claude Sonnet 3.5	Anthropic	专注于对齐性和安全性,支持长上下文(超过 10 万字符)
Grok3	xAI	存在幽默感,更强的推理能力和多模态处理能力
Gemini	Google DeepMind	强调多模态能力(文本、图像等),集成 Google 生态系统
LLaMA 2	Meta	开源模型,适合定制化部署,性能优越,成本更低

表 1.2 国内代表性大模型

模型名称	机构/公司	特点
DeepSeek-V3	DeepSeek	极低训练成本，性能媲美顶尖大模型，震撼业界
文心一言（ERNIE）	百度	面向中文场景，支持电商、客服等垂直应用，深度集成阿里云生态
讯飞星火	科大讯飞	聚焦教育和医疗领域，中文能力强，支持行业定制化
盘古大模型	华为	专注中文语料训练，强调工业互联网和政企应用场景

AI 大模型的使用步骤如下：

①登录 AI 大模型网站，如 ChatGPT、DeepSeek 官方网站，创建个人账户后，开启对话框，如图 1.1、图 1.2 所示。

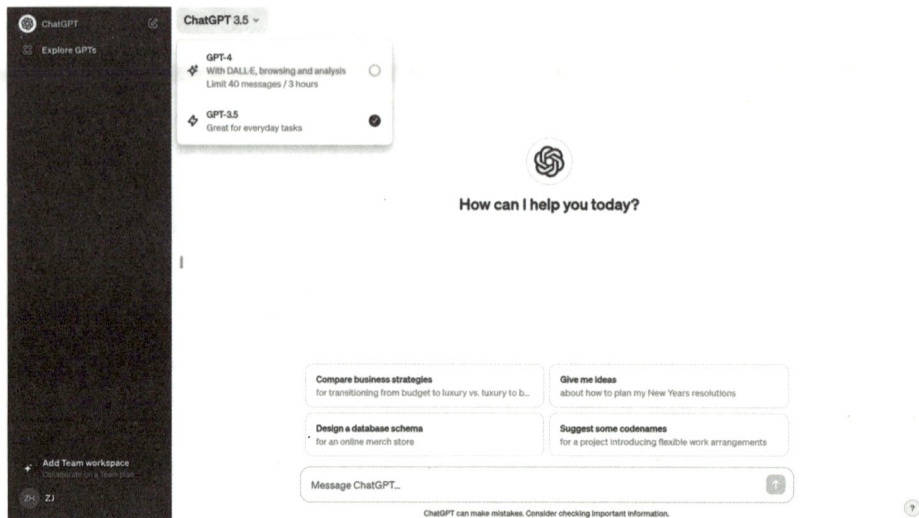

图 1.1 ChatGPT 的使用界面

我是 DeepSeek，很高兴见到你！

我可以帮你写代码、读文件、写作各种创意内容，请把你的任务交给我吧~

给 DeepSeek 发送消息

深度思考 (R1)　　联网搜索

内容由 AI 生成，请仔细甄别

图 1.2　DeepSeek 的使用界面

②在对话栏中，根据个人需求输入提示语（问题或命令），接收到提示语的 AI 大模型，将依据提示语生成相应的文本信息。如果需要继续追问，在对话栏中输入新的提示语即可。

③如果需要退出登录，可直接关闭浏览器窗口。所有提示语和 AI 大模型生成的信息都会被自动保存，下次登录同一账号时，可在左侧对话框中调取查看历史对话记录。

1.3 锂离子电池发展历程

在锂离子电池出现之前，可再充铅酸电池和一次锌锰电池是电池的主要体系，这两种电池技术成熟、历史悠久。与之相比，锂离子电池具有更高的比能量、更长的循环寿命、对环境更少的污染，因此受到人们关注。早期的锂离子电池被称为一次电池，20 世纪 50 年代，研究者开发出碳酸丙烯酸酯 – 高氯酸锂和锂负极体系电池，20 世纪 70 年代，日本松下电器、三洋公司等推出氟化碳（Li–CF）一次电池和锰一次电池等产品，这些电池被大量商业化。

在此基础上，人们开始思考锂二次电池体系的应用。但是，金属负极在充放电过程中会形成枝晶，从而引起安全性问题，导致锂二次电池未能得到广泛应用。1958 年，美国加州大学提出电池的负极材料可采用锂、钠等活泼金属，这引发了对正负极材料研究的热潮。1980 年，Armand 采用嵌入化合物代替金属负极，Goodenough 发表嵌入式正极材料 $LiCoO_2$ 的专利。7 年后，Auborn 装配出以 MoO_2 或 WO_2 为负极的摇椅式电池，其安全和循环性能得到极大提升。1989 年，Moli Energy 公司使用以锂铝合金（Li–Al）为负极的纽扣式电池，进一步提升了安全性。

20 世纪 80 年代末，锂二次电池采用石墨结构的碳材料与化合物 Li_xMO_2 被提出，具有工业化重大意义。1990 年，日本的 Nagaura 团队装配了以石油焦为负极、$LiCoO_2$ 为正极的锂离子电池。1991 年，索尼公司推出 $LiCoO_2$/ 石墨体系锂离子电池，该电池具有高电压、高比能量、循环寿命长和安全性好的特点，掀起了第二波锂电研究热潮。随后，索尼公司开发了以聚糖醇热解碳（PFA）为负极的锂离子电池，美国 Bellcore 公司报道了聚合物锂离子电池。

20 世纪 90 年代末，各种锂离子电池产品开始用于电动汽车，例如，索尼公司试制的 100 Ah 锂离子电池应用于日产电动汽车，法国 SAFT 公司中试生产出的 50 Ah 锂离子电池也应用于电动汽车。具有里程碑意义的应用出现在 2012 年，特斯拉采用 85 kW·h 电池组应用于电动汽车上，拉开电动汽车发展的新篇章。在此期间，相关锂电材料制造商如雨后春笋般发展，从美国的 A123 到中国的宁德时代、比亚迪、国轩高科等公司都在生产动力电池。

1.4 借助 AI 大模型学习锂电知识

在日常使用 AI 大模型的过程中，我们经常会遇到许多精彩的对话。其回答之流畅，常常让人忘记自己面对的并非人类，而是一台机器。但随着对话的深入，它的"一本正经地胡说八道"不由得让人警惕，AI 大模型的回答从人类角度看起来仿佛是一种幻觉，这种"幻觉"以一种令人信服却完全虚构的方式呈现。因此，当我们利用 AI 大模型进入垂直的专业领域，尤其是作为外行需要了解该领域的知识时，这种不真实的信息可能会污染现有的知识体系，给我们带来诸多困扰。这不仅让整个过程变得事倍功半，还可能造成以讹传讹的不良影响，显然，这是我们不能接受的。

因此，本书的主要目标是，以入门锂电领域为例，介绍如何运用 AI 大模型的方法论和技巧来克服进入该领域的障碍，并最大限度地减少 AI 幻觉的不利影响。读者可以跟随本书的技术脉络，带着方法论，体会提示词技巧，按图索骥，举一反三，借助 AI 大模型实现快速入门。

参考文献

[1] 蔡曙山，薛小迪.人工智能与人类智能：从认知科学五个层级的理论看人机大战 [J]. 北京大学学报 (哲学社会科学版)，2016，53(4)：145–154.

[2] 周志华 . 机器学习 [M]. 北京：清华大学出版社，2016.

[3] 杨兴，朱大奇，桑庆兵 . 专家系统研究现状与展望 [J]. 计算机应用研究，2007，24(5)：4–9.

［4］史蒂芬·卢奇，萨尔汗·M.穆萨，丹尼·科佩克.人工智能 [M].3 版.王斌，王书鑫，译.北京：人民邮电出版社，2023.

［5］詹弗兰科·皮斯托亚.锂离子电池技术：研究进展与应用 [M].赵瑞瑞，译.北京：化学工业出版社，2017.

［6］NITTA N，WU F X，LEE J T，et al. Li-ion battery materials：present and future[J]. Materials Today，2015，18(5)：252-264.

［7］余勇，年珩.电池储能系统集成技术与应用 [M].北京：机械工业出版社，2021.

［8］国网湖南省电力有限公司电力科学研究院.电化学储能电站技术 [M].北京：中国电力出版社，2022.

［9］程戈.ChatGPT 原理与架构：大模型的预训练、迁移和中间件编程 [M].北京：机械工业出版社，2023.

［10］WU T Y，HE S Z，LIU J P，et al. A brief overview of ChatGPT：The history，status quo and potential future development[J]. IEEE/CAA Journal of Automatica Sinica，2023，10(5)：1122-1136.

［11］ALZAABI A，ALAMRI A，ALBALUSHI H，et al. ChatGPT applications in academic research：A review of benefits，concerns，and recommendations[J]. bioRxiv，2023.DOI：10.1101/2023.08.17.553688.

第 2 章

借助 AI 大模型感性认识锂离子电池

2.1 借助 AI 大模型获取锂离子电池外观

锂离子电池已经充分融入我们的日常生活。从外形来看，常见的锂离子电池类型可分为以下几类：

· 圆柱形电池：这是最常见的类型，外观类似于传统的 AA 电池，但尺寸可以不同，如图 2.1（a）所示。

· 方形或棱柱形电池：这种电池通常用于电动工具和电动汽车，形状为方形或长方形，有固定的外壳，如图 2.1（b）所示。

· 软包电池：这种电池没有硬壳，而是采用柔性的薄膜材料封装，允许更多形状和大小，常用于手机和平板计算机，如图 2.1（c）所示。

· 纽扣电池：这种小型电池外形类似于纽扣，常用于小型设备，如手表和计算器，如图 2.1（d）所示。

（a）圆柱形电池　（b）方形或棱柱形电池　（c）软包电池　（d）纽扣电池

图 2.1　常见的电池类型

锂离子电池的基本组成相同，以圆柱形电池为例，如图 2.2 所示，其内部由正极、隔膜、负极、隔膜依次叠放后卷绕而成。

图 2.2　电池组成示意图

圆柱形电池作为电芯，通过串并联组成模组，如图 2.3 所示，模组通过串并联组成电池系统。同样，电池系统的电芯也可由方形或软包电池构成，如图 2.4 所示。

电池模组　←　电芯

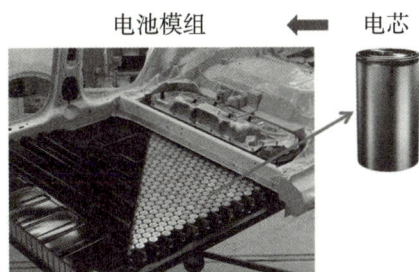

图 2.3　圆柱电芯组成的模组

储能系统　←　电池模组　←　电芯

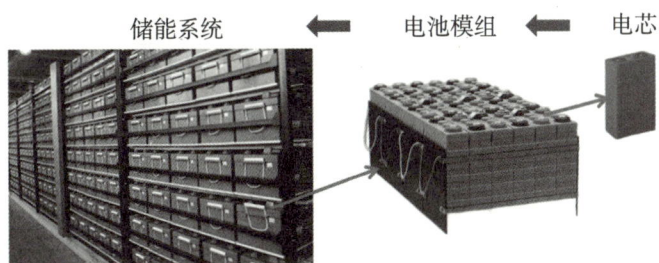

图 2.4　方形电芯组成的模组和储能系统

2.2　借助 AI 大模型了解锂离子电池的基本原理

锂离子电池被形象地称为"摇椅式电池"。在充电阶段，锂离子从正极材料中脱出，然后嵌入负极材料。在放电阶段，锂离子从负极中脱出，重新嵌入正极材料。整个充放电过程中，锂离子在正极和负极之间如摇椅一样来回摆动。氧化还原反应如下：

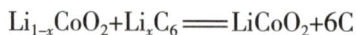

$$Li_{1-x}CoO_2+Li_xC_6 \Longleftrightarrow LiCoO_2+6C$$

现在，让我们看看是否可以借助 AI 大模型来介绍锂离子电池的基本原理。

为了说明 AI 大模型使用技巧，我们使用了三种意思相同但表达不一样的提示语，让 AI 大模型生成锂离子电池基本原理。

这 3 条提示语分别如下：

· 提示语 1：锂离子电池基本原理。

· 提示语 2：你是锂离子电池专家，请向我解释锂离子电池的基本原理。

· 提示语 3：你是锂离子电池专家，请用专业术语向我解释锂离子电池的基本原理。

YOU　锂离子电池基本原理。

AI 大模型　锂离子电池的基本原理涉及电化学反应，这种反应在电池的两极（阴极和阳极）之间进行，允许电池存储和释放能量。下面是锂离子电池工作原理的简要概述：

组成部分：

· 阳极（负极）：通常由石墨等碳材料制成。

AI 大模型

· 阴极（正极）：由锂金属氧化物制成，如锂钴氧化物（$LiCoO_2$）。

· 电解质：通常是一种含锂的盐溶解在有机溶剂中。

· 隔膜：分隔阳极和阴极，允许锂离子通过，但阻止电子通过。

放电过程（使用电池时）：

· 锂离子从阳极移动到阴极。同时，电子通过外部电路从阳极移动到阴极，提供电能给外部设备。这个过程减少了阳极的锂含量，而增加了阴极的锂含量。

充电过程：

· 当电池充电时，过程逆转。锂离子从阴极移动回阳极。电子通过外部电源从阴极流回阳极。这个过程增加了阳极的锂含量，而减少了阴极的锂含量。

能量存储与释放：

· 锂离子电池的能量存储依赖于锂离子在阳极和阴极之间的移动。电池放电时释放的能量来自锂离子在阴极的化学势能。充电时，外部电源提供的能量被存储在锂离子的化学势能中。

高效与安全性：

· 锂离子电池的能量密度高，质量小。但它们需要精确的管理系统来防止过充、过放和过热，这些情况都可能导致性能下降或安全风险。

锂离子电池之所以受欢迎，主要是因为它们高效、可充电性强、循环寿命长，且相对其他类型的电池而言，它们具有更高的能量密度。这使得锂离子电池成为移动电话、笔记本电脑、电动汽车等多种便携式电子设备的理想能源。

YOU

你是锂离子电池专家，请向我解释锂离子电池的基本原理。

AI 大模型

作为一个锂离子电池的"专家"，我很乐意向您解释其基本原理。锂离子电池是一种重要的可充电电池类型，广泛应用于便携式电子设备和电动汽车中。这里是其工作原理的详细解释：

电池的主要组成部分：

· 阳极（负极）：通常由石墨等碳材料制成。在充电时，锂离子嵌入（存

AI 大模型

储在）这些材料中。

· 阴极（正极）：由锂金属氧化物制成，例如锂钴氧化物（$LiCoO_2$）。在放电时，锂离子从阳极移动到这里。

· 电解质：是一种含锂的盐溶解在有机溶剂中。允许锂离子在电池内部移动，但不允许电子通过。

· 隔膜：物理上分隔阳极和阴极。允许锂离子通过，但阻止电子。

工作原理：

· 放电过程（使用电能时）：锂离子从阳极移动到阴极。同时，电子通过外部电路从阳极移动到阴极，提供电能给设备。阳极失去锂离子（并获得电子），阴极获得锂离子。

· 充电过程：当电池充电时，过程逆转。锂离子从阴极移动回阳极。电子通过外部电源从阴极流回阳极。阳极吸收锂离子（并失去电子），阴极释放锂离子。

能量存储与释放：

· 锂离子电池的能量存储依赖于锂离子在阳极和阴极之间的移动。

· 电池放电时释放的能量源自锂离子在阴极的化学势能。

· 充电时，外部电源提供的能量被存储在锂离子的化学势能中。

优势与挑战：

· 优势：高能量密度、长寿命、无记忆效应。

· 挑战：安全性（如过热、过充）、成本、寿命及环境影响。

锂离子电池的这些特性使其成为当今电子设备和电动汽车的理想能量存储解决方案。然而，这些电池也需要精确的管理系统来保证其安全性和效率。随着技术的发展，锂离子电池的性能和安全性正在不断提高。

YOU

你是锂离子电池专家，请用专业术语向我解释锂离子电池的基本原理。

AI 大模型

作为一名锂离子电池的"专家"，我将使用更专业的术语来解释锂离子电池的工作原理。

1. 锂离子电池的组成和电化学原理

电极材料：

· 阳极（负极）：由石墨或其他形式的碳材料构成，典型的是层状石墨，

AI 大模型

允许锂离子的嵌入和脱嵌。

- 阴极（正极）：基于锂金属氧化物，如锂钴氧化物（$LiCoO_2$）、磷酸铁锂（$LiFePO_4$）等，其晶体结构稳定且能有效嵌入锂离子。

电解质：

- 通常是锂盐（如六氟磷酸锂 $LiPF_6$）溶解在有机溶剂中，形成导电的离子溶液。
- 起到导电介质的作用，允许锂离子在电池内部自由移动。

隔膜：

- 微孔聚合物膜，物理上隔离阳极和阴极，防止短路，同时允许锂离子通过。

2. 放电和充电过程

放电过程：

- 锂离子嵌出：锂离子从阳极石墨层中嵌出，通过电解质迁移到阴极。
- 电子流动：与此同时，电子从阳极通过外部负载（电路）流向阴极，产生电流。
- 锂离子嵌入：阴极材料中的锂离子浓度增加。

充电过程：

- 锂离子嵌入：当电池充电时，外部电源驱使锂离子从阴极迁移到阳极。
- 电子流动：电子从阴极通过外部电源返回阳极。
- 锂离子嵌出：阳极材料中的锂离子浓度增加。

3. 电化学反应

- 阳极反应（充电时）：

$$LiC_6 \longrightarrow C_6 + Li^+ + e^-$$

- 阴极反应（充电时）：

$$LiCoO_2 + Li^+ + e^- \longrightarrow Li_2CoO_2$$

- 放电过程中这些反应发生逆转。

4. 性能和效率

- 能量密度：锂离子电池因其高能量密度而受到青睐，这意味着它们在较小的体积和质量下存储更多能量。
- 循环寿命：受到电极材料的稳定性和电化学反应的可逆性影响。
- 内阻：电池的内部电阻影响其充放电效率和功率输出。

AI 大模型

5. 安全性和管理

· 热管理：过热可能引起热失控反应，因此锂离子电池设计中包含了严格的热管理系统。

· 电池管理系统（BMS）：用于监控电池的状态，包括电压、电流、温度等，确保电池在安全的操作范围内工作。

锂离子电池的这些特性使其成为当前技术中存储和释放电能的高效方式，广泛应用于消费电子、电动汽车及可再生能源存储等领域。然而，它们也面临着提升能量密度、降低成本、延长寿命和提高安全性等挑战。

对比上述 3 段 AI 大模型生成的信息，不难发现，3 条提示语生成文本的技术颗粒度逐渐变细，特别是提示语 3 所生成文本的质量与专业书籍不相上下。相比于提示语 1，提示语 2 和 3 预设了 AI 大模型的角色，界定其为锂离子电池专家，并明确了上下文背景，使得生成的文本质量显著提高。对比提示语 2 和提示语 3，提示语 3 比提示语 2 多了输出要求的限定，要求 AI 大模型用专业语言输出，使得提示语 3 生成的文本质量不亚于锂电教科书。通过该案例，我们不难得出 AI 大模型使用技巧，即提示语需要界定角色，采用结构化语言进行提问。该技巧可有效提升生成文本的质量，得到理想的答案。

这是由于 AI 大模型的内核是大语言模型，本质上是一个"词语预测器"，换句话说，AI 大模型的运行模式是根据对话框中的内容进行模式预测。因此，若想让 AI 大模型高效地提供我们想要的答案，引导 AI 大模型按我们的想法进行预测显得尤为重要。早期的 AI 提问遵循特定的结构化框架，现仍被沿用和传承，这些框架以埃尔维斯·萨拉维亚等人提出的模型为代表，即提示语需要按顺序包括以下四个部分：指令部分（Instruction）、上下文背景（Context）、输入数据（Input Data）、输出要求（Output Indicator）。

进一步地，通过学习 AI 大模型生成的文本信息，我们可以迅速获取电能与电化学能在锂离子电池内转化的原理，锂离子通过嵌入和脱嵌反应实现电子的转移，这种持续、稳定的电子转移能力正是锂离子电池强大性能的核心。

2.3 借助 AI 大模型掌握锂离子电池性能

锂离子电池性能可划分为电化学性能和安全性能两大类，电化学性能主要涉及锂离子充放电过程中的电化学反应、离子传输机制，以及这些过程对电池性能指标的影响，包括电动势、内阻、电压、电压特性、容量、充放电特性、循环性能、自放电和储存特性。

安全性能一方面是指锂离子电池在使用不当的情况下保持热稳定性、电化学稳定性、机械完整性的能力，另一方面是指能满足各种安全测试（如过充测试、短路测试、温度测试等）和国际安全标准认证（如 UL、CE、IEC）的要求。

那么，常用的锂离子电池的性能指标有哪些呢？基于结构化的提示语，请 AI 大模型梳理出来。

YOU：你是锂离子电池专家，请用专业的语言梳理锂离子电池性能指标，要求给出性能指标的参考值。

AI 大模型：锂离子电池作为一种高效的能量存储系统，其主要性能指标可以分为几个关键领域：能量密度、功率密度、循环寿命、安全性和成本。以下是对这些性能指标的专业梳理及其参考值：

能量密度：能量密度分为质量能量密度和体积能量密度。质量能量密度（单位为 W·h/kg）是指电池单位质量能够存储的能量。体积能量密度（单位为 W·h/L）是指电池单位体积能够存储的能量。对于现代的锂离子电池，质量能量密度一般在 150~250 W·h/kg，体积能量密度则在 250~700 W·h/L。

功率密度：功率密度描述了电池单位质量或体积在短时间内释放能量的能力，通常以 W/kg 或 W/L 来表示。高功率密度意味着电池可以快速充

AI 大模型

放电，对于需要大功率输出的应用（如电动工具或电动汽车加速）尤为重要。锂离子电池的功率密度一般在 1 000~ 3 000 W/kg。

循环寿命：循环寿命指的是电池在性能衰减到某一特定水平（如容量下降到原始容量的 80%）之前可以进行的充放电循环次数。锂离子电池的循环寿命一般在 500~3 000 次，不同的材料和设计会影响这一指标。

安全性：锂离子电池的安全性涉及电池在极端条件下（如过充、过放、高温、物理损伤等）的反应。安全性能不易量化，但通常通过严格的测试标准来确保，如 UL、CE 认证等。

成本：成本通常以每千瓦时［美元/（kW·h）］来计算。随着技术的发展，锂离子电池的成本已经从 2000 年初期的 1 000 美元/（kW·h）降至近年来的 150~200 美元/（kW·h）。

以上提供的参考值仅供参考，实际值会根据具体的电池类型和制造工艺有所不同。随着技术的进步，这些性能指标正在持续改进。

需补充说明的是，在日常生活中，以充电宝为例，我们最关心的性能指标之一是容量。容量的单位是安培小时（Ah）或毫安培小时（mAh），指电池在特定放电条件下能够提供的电荷量。如图 2.5 所示，铭牌中显示该充电宝容量为 7 800 mAh，这是一个名义容量。在实际使用中，电池受到放电率、温度、电池老化等因素的影响，实际可用电量往往会低于名义容量。

图 2.5　铭牌示意图

2.4　小结

大语言模型由大量素材训练而成，素材质量参差不齐，若提示语将角色界定在某一个专业领域内，就会触发 AI 大模型调用更高质量的素材，得到更理想的信息反馈。因此，我们在使用 AI 大模型时，采用提示语界定角色的技巧，可以充分激发 AI 大模型的专业能力，显著提升信息的反馈质量。此外，提示语将贯穿 AI 大模型应用的始终，在接下来的章节中，读者可仔细品尝具体提示语背后的韵味。

参考文献

[1] 李泓. 锂电池基础科学 [M]. 北京：化学工业出版社，2021.

[2] ARMAND M, TARASCON J M. Building better batteries [J].Nature, 2008, 451（7179）：652-657.

[3] GOODENOUGH J B, KIM Y, Challenges for rechargeable Li batteries [J]. Chemistry of Materials, 2010, 22(3)：587-603.

[4] 义夫正树，拉尔夫·J. 布拉德，小泽昭弥，等. 锂离子电池：科学与技术 [M]. 北京：化学工业出版社，2015.

[5] THACKERAY M M, JOHNSON C S, VAUGHEY J T, et al.Advances in manganese-oxide 'composite' electrodes for lithium-ion batteries[J]. Journal of Materials Chemistry, 2005，15(23)：2257-2267.

［6］KOYAMA Y, TANAKA I, NAGAO M, et al. First-principles study on lithium removal from Li$_2$MnO$_3$[J]. Journal of Power Sources，2009，189(1)：798-801.

［7］李世明，代旋，张涛 .ChatGPT 高效提问：prompt 技巧大揭秘 [M]. 北京：人民邮电出版社，2024.

第 3 章

借助 AI 大模型探索锂离子电池极片

3.1 借助 AI 大模型了解极片外观

　　锂离子电池的极片分为正极极片和负极极片，正极极片是在铝箔上涂布锂钴氧化物（$LiCoO_2$）、磷酸铁锂（$LiFePO_4$）等活性粉末，通过干燥轧制而成，如图 3.1（a）所示，黑色部分为涂布在铝箔上的活性粉末。负极极片则是将石墨、黏合剂等涂布在铜箔上，再经干燥轧制而成，如图 3.1（b）所示，黑色部分为涂布在铜箔上的石墨粉末。

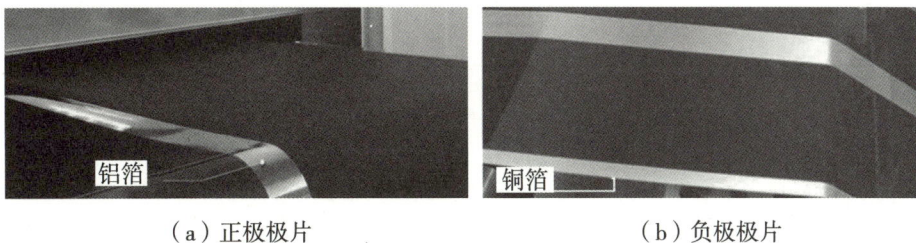

（a）正极极片　　　　　　　　　　　　（b）负极极片

图 3.1　锂离子电池极片实物图

电池厂生产出来的锂离子电池极片通常采用卷绕的方式保存，如图 3.2
所示。

图 3.2　正极极片卷

3.2　借助 AI 大模型学习极片材料

由前文得知，锂离子电池通过锂离子在材料中反复地嵌入和脱嵌来实现能量的存储与释放。嵌入和脱嵌反应的物质基础是极片上的活性粉末。接下来，让 AI 大模型介绍锂离子电池采用的主流正极材料有哪些，以保证正极在充放电过程中能稳定地发生嵌入 / 脱嵌反应。

采用"界定角色，结构化提问"的技巧，请 AI 大模型介绍电极材料，如下所示。

YOU　你是电池正极材料专家，请用专业术语介绍锂电池的正电极材料。

AI 大模型　当谈到锂电池的正电极材料时，以下是一些专业术语和相关信息：

正电极材料类型：

- 锂电池的正电极材料通常是锂化合物，其主要目标是在充电和放电过程中接收和释放锂离子。常见的正电极材料包括锂钴氧化物（$LiCoO_2$）、磷酸铁锂（$LiFePO_4$）、锂镍锰钴氧化物（NMC，$LiNiMnCoO_2$）、锂镍钴铝氧化物（NCA，$LiNiCoAlO_2$）等。

$LiCoO_2$（锂钴氧化物）：

- $LiCoO_2$ 是最早用于商业锂离子电池的正电极材料之一，具有高能量密度。
- 由于钴的毒性和供应限制，近年来逐渐被其他材料替代。

$LiFePO_4$（磷酸铁锂）：

- $LiFePO_4$ 是一种环保、安全性高的正电极材料，常用于电动汽车和储能系统。
- 具有较低的电导率，但其稳定性和长寿命使其受欢迎。

NMC（锂镍锰钴氧化物）和 NCA（锂镍钴铝氧化物）：

- NMC 和 NCA 都是多元正电极材料，具有高能量密度和良好的充放电性能。

> **AI 大模型**
>
> · 它们常用于高性能应用，如电动汽车，因为它们能够提供较高的能量密度和功率密度。
>
> **正电极涂层：**
> · 正电极材料通常涂覆在铝箔或其他电极集流体上，以增加电极的导电性。
> · 此外，涂层也可以改善正电极材料的稳定性和电池的循环寿命。
>
> **正电极反应：**
> · 正电极材料在充电时接收锂离子，其晶格结构会发生变化，充电过程中电子转移至正电极。
> · 在放电过程中，正电极材料释放锂离子，电子流回负电极，从而完成电池的电化学反应。
>
> 锂电池的正电极材料是电池性能的关键因素之一，研究和开发不同类型的正电极材料是提高锂电池性能和扩大应用领域的重要工作之一。

锂离子电池正极材料种类繁多，AI 大模型给出的主要是已经实现商业化的正极材料，这些材料均满足以下要求：

· 价格低廉和环境友好。

· 高能量密度，质量比容量和体积比容量高。

· 电位在充放电过程中变化小，充放电平台长。

· 材料在充放电过程中结构稳定，循环性能良好。

· 电子电导率和离子电导率高，倍率放电性能优异。

· 化学稳定性好，不与电解质等发生副反应。

同样地，让 AI 大模型介绍负极材料，如下所示。

YOU

你是电池负极材料专家，请用专业术语介绍锂电池的负电极材料。

AI 大模型

当涉及锂电池的负电极材料时，以下是一些专业术语和相关信息：

负电极材料类型：

· 锂电池的负电极材料通常是碳基材料，其主要目标是在充电和放电过程中吸收和释放锂离子。常见的负电极材料包括天然石墨、人工石墨、非晶硅、石墨烯、碳纳米管等。

天然石墨（Natural Graphite）：

· 天然石墨是一种常见的负电极材料，具有较高的导电性和循环寿命。

· 它广泛应用于许多锂电池类型中，包括锂离子电池和锂聚合物电池。

人工石墨（Synthetic Graphite）：

· 人工石墨是通过化学和物理方法制备的碳材料，具有更加可控的结构和性能。

· 它在高性能电池中常被选用，以实现更高的能量密度和充电速率。

非晶硅（Amorphous Silicon）：

· 非晶硅是一种负电极材料，具有极高的锂储存能力，但容量膨胀的问题需要解决。

· 研究者正在寻求克服硅膨胀问题，以利用其高容量潜力。

石墨烯（Graphene）：

· 石墨烯是一种单层碳原子排列成的二维材料，具有出色的导电性和电化学性能。

· 研究人员探索将石墨烯应用于负电极以提高电池性能。

负电极反应：

· 负电极材料在充电时释放锂离子，其结构会发生变化，充电过程中电子流回负电极。

· 在放电过程中，负电极材料吸收锂离子，完成电池的电化学反应。

负电极材料的选择对电池性能，如能量密度、安全性和充电速率等有着重要影响。不同的负电极材料具有不同的优缺点，因此研究和开发新的负电极材料一直是锂电池技术领域的研究重点。

AI 大模型给出的负极材料主要有石墨、硬炭和软炭等碳材料和硅基材料，为了保证良好的电化学性能，对负极材料要求如下：

· 锂离子嵌入和脱出反应的电压低。

· 能量密度高。

· 主体结构稳定，表面形成固体电解质界面膜稳定，循环性能好。

· 表面积小，不可逆损失小。

· 离子和电子导电能力好。

· 安全性能好。

· 浆料制备容易、压实密度高、反弹小，具有良好加工性能。

· 价格低廉和环境友好。

上述案例中，AI 大模型以 $LiCoO_2$ 为例，说明层状材料为锂离子提供了传输通道。那么，为什么锂离子在 $LiCoO_2$ 中容易传输？该材料的结构又是怎样的？考虑到 AI 大模型具有生成图片的功能，我们尝试通过 AI 大模型提供 $LiCoO_2$ 的材料结构图，如下所示。

YOU　你是电池正极材料专家，请生成 $LiCoO_2$ 结构图。

AI 大模型

这是锂钴氧化物（$LiCoO_2$）晶体结构的详细插图，通常用作锂离子电池的正极材料。图像清晰准确地展示了晶格中的原子排列，突出了锂、钴和氧原子的位置。您可以查看这个插图以了解其结构。

可以看到，AI 大模型生成了一张精美的图片并附带一段文字说明，似乎真实可信。但要特别警惕的是，AI 大模型有可能提供错误信息。因此，面对 AI 大模型生成的信息，我们应始终秉承事实求证的态度。在这种情况下，可以利用 AI 大模型的搜索功能去验证，如下所示。

YOU　你是电池正极材料专家，请在网络寻找 $LiCoO_2$ 结构图。

AI 大模型　锂钴氧化物（$LiCoO_2$）是锂离子电池中常用的正极材料。它的结构是在 1980 年由牛津大学和东京大学的研究小组首次发现的。这种化合物现在作为一些可充电锂离子电池的阴极使用。锂钴氧化物电池在充电时，钴部分被氧化为 +4 状态，同时一些锂离子移动到电解质中，形成一系列的 Li_xCoO_2 化合物（其中 $0 < x < 1$）。与基于 NCA 或 NMC 的阴极（特别是

AI 大模型 富镍的）相比，使用 $LiCoO_2$ 阴极的电池具有非常稳定的容量，但容量和功率较低。$LiCoO_2$ 阴极比其他富镍化学品种的热稳定性更好，尽管这种差异并不显著。$LiCoO_2$ 在高温（>130℃）或过充电等滥用情况下易发生热失控。在高温下，$LiCoO_2$ 的分解会产生氧气，然后与电池的有机电解质发生反应，这种反应通常在锂离子电池中看到，如当电池变得高度不稳定并且必须安全回收时 [>_]。

需要说明的是，这里 AI 大模型生成的引注 [>_] 是一个超链接，该链接可访问某百科网站。在该百科网站上，能轻松找到来自 *Nature* 的 $LiCoO_2$ 结构图（图 3.3）。最终，多方面的信息证实 AI 大模型生成的结构图有误，准确的结构图如图 3.3 所示。该案例体现了使用 AI 大模型的一个重要准则：在使用 AI 大模型的过程中，使用者应始终保持谨慎，进行合理质询，坐稳"主驾驶位"，把稳"方向盘"。读者也可以此类推，基于上述路径去探索其他材料的结构图。

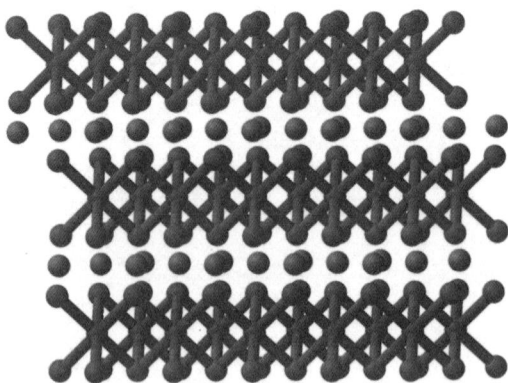

图 3.3　$LiCoO_2$ 的结构图

3.3 借助 AI 大模型探索基础科学问题

正负极材料作为锂离子自由移动的物质基础，直接决定了锂离子电池的性能。电池充放电过程是锂离子在界面中移动的过程，需要锂离子在正负极固体材料中输运。若能高效调控离子在固体中的输运特性，电池的实际输出能量密度、倍率特性、能量效率、内阻等核心性能指标就能按我们的想法进行定向调控。这涉及电池界面的基础科学问题。电极材料在脱嵌锂过程中会产生多个两相界面，例如多晶结构的电极材料晶粒间形成的晶界。此外，电极材料、导电添加剂、黏结剂与集流体之间相互作用也会产生多个固固界面。

那么，锂离子在上述固体界面中常见的扩散机制有哪些呢？下面借助 AI 大模型进行介绍。

> **YOU**
> 你是锂离子电池专家，请介绍常见的锂离子在固体界面的扩散机制。
>
> **AI 大模型**
> 锂离子电池中锂离子的扩散机制主要涉及在固体电极材料中的传输过程。这个过程对电池的性能，尤其是充放电速率和循环寿命有着重要影响。以下是常见的几种扩散机制：
>
> **空位机制（Vacancy Mechanism）：**
> · 在这种机制中，锂离子通过材料晶格中的空位（即无原子占据的位置）移动。
> · 当一个锂离子从其原位移动到相邻的空位时，它本身的位置就变成了一个新的空位，供其他锂离子使用。
> · 这种机制在许多传统的锂电池正极材料中非常普遍。
>
> **间隙机制（Interstitial Mechanism）：**
> · 在这种机制中，锂离子在晶格的间隙（即原子之间的空间）中移动。

AI 大模型

· 这通常发生在晶格较为松散、间隙较大的材料中。

· 间隙机制允许锂离子更快速地移动，有利于提高电池的充放电效率。

两相机制（Two-phase Mechanism）：

· 这种机制涉及锂离子在两种不同晶体结构之间的迁移。

· 当锂离子的浓度达到一定程度时，会在电极材料中形成新的相（如从锂的低浓度相变为高浓度相）。

· 这种变化通常伴随着体积的膨胀或收缩，可能会导致电极材料的机械应力。

表面扩散机制（Surface Diffusion Mechanism）：

· 在某些情况下，锂离子可能沿着材料的表面或粒界移动，而不是通过晶格内部。

· 这种机制在纳米级电极材料中尤为重要，因为在这些材料中，表面区域占比较大。

电子导致的扩散（Electronically-Induced Diffusion）：

· 在这种机制中，电子的移动直接或间接地促进了锂离子的迁移。

· 例如，在某些材料中，电子的重新分布可以改变锂离子在晶格中的迁移路径。

这些扩散机制的有效性取决于多种因素，包括电极材料的晶体结构、温度、电池的设计和制造工艺等。电池的性能优化通常涉及对这些因素的精细控制，以达到最佳的充放电效率和循环稳定性。

更进一步地，具体到锂离子在电极材料中的扩散机制是怎么样的呢？请 AI 大模型介绍。

YOU

你是锂离子电池专家，请介绍锂离子在电极材料中的扩散。

AI 大模型

作为锂离子电池专家，我可以详细介绍锂离子在电极材料中的扩散机制。这一过程是锂离子电池充放电性能的核心，涉及复杂的物理和化学动力学。以下是锂离子扩散过程的关键方面：

AI 大模型

扩散机制概述：

· 锂离子电池在充放电时，锂离子在正极和负极材料之间移动。这种移动主要是通过电极材料的晶格结构中的固体扩散进行的。

扩散路径：

· 在正极和负极材料的晶体结构中，锂离子沿着特定的路径移动。这些路径依赖于材料的晶格类型，如层状结构、尖晶石结构或橄榄石结构。

扩散动力学：

· 扩散过程受到电化学势差的驱动，即锂离子从高浓度区域向低浓度区域迁移，以达到浓度均衡。

· 扩散系数（D）是描述这一过程的关键参数，它反映了锂离子在特定材料中移动的速率。

电极材料的影响：

· 不同的电极材料提供不同的扩散特性。例如，层状材料如锂钴氧化物（$LiCoO_2$）通常提供较容易的锂离子传输通道，而尖晶石结构如锂锰氧化物（$LiMn_2O_4$）则提供了更复杂的扩散路径。

温度的影响：

· 温度对锂离了扩散有显著影响。较高的温度可以增加锂离子的动能，从而加速扩散过程。

电池老化与扩散：

· 随着电池的循环使用，电极材料可能发生结构变化，这可能影响锂离子的扩散效率。例如，裂纹的形成和晶粒的增长都可能阻碍扩散。

相界面效应：

· 在电极和电解质的界面上，可能形成固体电解质界面膜（SEI 膜）。这个层可以影响锂离子的迁移，尤其是在负极材料如石墨中。

总结来说，锂离子在电极材料中的扩散是一个复杂的过程，受到材料结构、温度、电化学势差等多种因素的影响。这一过程对电池的充放电速率、容量和循环寿命都有重要影响。通过对这些因素的深入理解和优化，可以提高锂离子电池的性能和寿命。

　　需补充说明的是，在上述固固界面中，存在空间电荷层和缺陷结构。虽然理想的晶体材料具有有序周期性和对称的点阵结构，但真实的材料通常会包含多种缺陷，在一定程度上偏离理想材料的对称性和周期性，空间结构缺陷包括点缺陷（如空位填隙、取代、色心、互占位等）、线缺陷（如刃位错与螺位错）、面缺陷（如晶界与表面）、体缺陷（如孔、洞、缺陷簇、畴结构）。此外，如果电极材料中存在大量晶界，晶界处也可储存少量额外的锂。上述特性均会直接影响离子与电子的输运、电极结构的稳定性以及电荷转移的速率。

YOU

你是锂离子电池专家，请介绍锂电池极片材料的改良方法。

AI 大模型

作为锂离子电池专家，我可以介绍几种常用于改良锂电池极片材料的方法。这些改良旨在提高电池的能量密度、循环稳定性、充放电效率和安全性。以下是几种关键的改良方法：

活性材料的优化：

· 高能量密度材料：研发具有更高能量密度的活性材料，如高镍含量的NMC 或 NCA 作为正极材料，硅基材料作为负极材料。

· 结构设计：通过纳米结构设计、多孔材料或复合材料的使用来增加活性材料的表面积和改善锂离子的扩散效率。

导电剂的添加：

· 导电剂如碳黑或石墨等可以被添加到电极材料中，以提高其电导性，从而增强电池的充放电性能。

黏结剂的改进：

· 研发新型黏结剂以提高电极材料的结构稳定性和与集流体的附着力。例如，水基黏结剂（如聚丙烯酸钠）被用来替代传统的溶剂基黏结剂，以提高环境友好性和电池性能。

表面涂层和改性：

· 通过在活性材料表面涂覆保护层或进行化学改性，可以改善材料的热

AI 大模型

稳定性和循环性能，减少材料在循环过程中的分解。

固态电解质的应用：

· 用固态电解质替代液态电解质可以提高电池的安全性和能量密度。
固态电解质如硫化物、氧化物或聚合物可以提供更好的热稳定性和
机械稳定性。

三维（3D）架构：

· 利用三维电极结构可以增加电极的有效表面积，从而增加单位体积的
能量密度和功率密度。

热处理和表面活化：

· 对电极材料进行热处理或表面活化处理，以改善其晶体结构和电化
学活性。

通过这些方法的应用，可以显著改进锂离子电池的整体性能。这些技
术的发展和创新是当前电池研究领域的热点，对推动电池技术的进步
和新能源应用具有重要意义。

3.4　借助 AI 大模型掌握极片关键工艺

　　基于上述基础科学问题，涉及锂离子电池极片的关键工艺有制浆、涂布、辊压、分切、装配。为了对电池工艺有一个全面的认识，下面请 AI 大模型宏观介绍锂离子电池的关键制造工艺。

YOU

你是锂离子电池专家，请用专业语言说明锂离子电池关键制造工艺。

AI 大模型

作为一名专注于锂离子电池领域的专家，我可以提供一个更深入和技术性的描述关于锂离子电池的关键制造工艺：

正负极活性物质的合成与优化：锂离子电池的性能极大地依赖于正负极活性物质的化学组成和结构。正极材料如锂钴氧化物（$LiCoO_2$）、磷酸铁锂（$LiFePO_4$）等，通常通过固相反应或溶液法合成。负极材料通常是石墨或硅基材料，其合成包括碳化和热处理过程，以优化电子和锂离子的传导路径。

电极涂覆工艺的精密控制：电极浆料的制备涉及将活性物质、导电剂（如碳黑）和黏结剂（如聚偏氟乙烯）在适当的溶剂中混合。涂覆工艺要求高度的均匀性和精确的厚度控制，通常通过槽模涂布或刮刀涂布技术实现。

电极干燥与压实：涂覆后的电极必须经过干燥以去除溶剂，并通过热压滚轧工艺来增加电极的密度和机械强度，这对提高电池的能量密度和循环稳定性至关重要。

电池组装的无尘环境要求：电池的组装过程（包括电极切割、隔膜放置和堆叠或卷绕）必须在严格的无尘环境中进行，以防止微粒污染，这可能导致内部短路或性能下降。

电解液的注入与电池密封：选择合适的电解液是关键，通常是基于锂盐（如 $LiPF_6$）的有机溶剂混合物。注液后，电池须在无尘环境下密封，以防止电解液泄漏和外部污染。

> **AI 大模型**
>
> **初次充电（Formation）和老化（Aging）过程**：新组装的电池需进行初次充电过程，以形成固体电解质界面（SEI），这是确保电池循环性能和寿命的关键。随后的老化过程进一步稳定电池性能。
>
> **严格的质量控制与性能测试**：整个制造过程中，从原材料检验到最终产品的电池测试，都伴随着严格的质量控制措施。这包括容量、内阻、循环稳定性和安全性的多项测试。
>
> 锂离子电池的制造过程是一个高度复杂且精密的过程，要求细致的工程控制和持续的技术创新，以满足不断提高的性能和安全性标准。

综上所述，在锂离子电池关键制造工艺中，电极材料涉及正负极活性物质的合成与优化（制浆）、电极涂覆工艺的精密控制（涂布）、电极干燥与压实（辊压）、电池组装对无尘环境的要求（分切、装配）。下面将依次介绍制浆、涂布、辊压、分切、装配这 5 个涉及电池极片的关键工艺。

1）制浆

正负极活性物质的合成与优化是将正负极活性物质粉体、导电剂粉体、高分子黏结剂和助剂均匀分散在溶剂中形成稳定悬浮液，行业中，这种稳定悬浮液称为浆料，整个过程称为制浆。

> **YOU**
>
> 你是锂离子电池制浆专家，请介绍制浆的工艺步骤。
>
> **AI 大模型**
>
> 我可以为您详细介绍锂离子电池制浆的工艺步骤。制浆过程是电池制造中非常关键的一步，它涉及将活性材料、导电剂、黏结剂和溶剂混合成均匀的浆状物料。下面是这一过程的主要步骤：

AI 大模型

材料准备：

· 活性材料：选择适合的正极或负极活性材料，如锂钴氧化物、磷酸铁锂、石墨等。

· 导电剂：通常使用如碳黑来增强电极的导电性。

· 黏结剂：如聚偏氟乙烯（PVDF）或苯乙烯丁二烯橡胶（SBR），用于将活性材料和导电剂黏结在集流体上。

· 溶剂：如 N-甲基-2-吡咯烷酮（NMP）或水，用于调整浆料的黏度。

预混合：

· 将干粉状的活性材料和导电剂混合，形成预混合物。这一步骤是为了确保这些粉末在整个浆料中分布均匀。

制备黏结剂溶液：

· 黏结剂被溶解在溶剂中，形成均匀的黏结剂溶液。

混合：

· 将预混合物与黏结剂溶液混合，通常在行星式混合器或其他高剪切混合设备中进行。这一步骤需要均匀混合，以避免团块的形成。

除气：

· 混合后的浆料可能包含气泡，因此需要在真空环境下进行除气处理，以去除这些气泡。除气是保证电池质量的重要步骤。

　　AI 大模型给出的制浆工艺中，在除气后还有两个步骤，分别为匀浆和过滤。匀浆是指依靠搅拌桨促使浆料稳定分散的过程，通常耗时 5~10 h，在此期间需不间断地进行低速搅拌，以防止颗粒团聚，确保分散剂和黏结剂等均匀紧密地吸附于固体颗粒表面。过滤是指通过 100~300 目的筛网除去浆料中未分散的大颗粒聚团的过程，在该步骤中，最后一次过滤的效果尤为重要。

　　为了对以上制浆工艺形成理性认识，请 AI 大模型给出工艺步骤的常见工程参数。

YOU　请给出上述工艺步骤的常见工程参数。

AI 大模型　在锂离子电池的制浆过程中，每个步骤的工程参数都至关重要，这些参数直接影响到电池的性能和一致性。以下是各个步骤的常见工程参数：

材料准备：

· 活性材料、导电剂、黏结剂的比例：通常根据电池设计和性能要求调整，比如活性材料：黏结剂：导电剂可能是 8 : 1 : 1。

预混合：

· 混合时间：15~30 min，确保干粉混合均匀。

· 混合速度：依据设备类型和材料特性设定。

制备黏结剂溶液：

· 黏结剂与溶剂的比例：黏结剂含量一般为 10%~20%。

· 搅拌速度和时间：确保黏结剂完全溶解，通常需要搅拌数小时。

混合：

· 混合时间：1~2 h，取决于材料的类型和混合机的效率。

· 混合温度：通常在室温下进行，避免过热导致材料性能变化。

除气：

· 真空度：高于 −90 kPa。

· 除气时间：30 min 至 1 h，取决于浆料量和设备性能。

更进一步地，借助 AI 大模型搜索功能检索锂离子电池的制浆视频。

YOU　请搜索专业的制浆视频。

AI 大模型　After a quick search, here's what I found.

I found some informative videos that demonstrate the process of slurry preparation for lithium-ion batteries:

The Production of Electrode Battery Slurry: This video showcases a revolutionary process for the production of electrode battery slurry, which claims to save significant costs while enhancing battery performance. Watch it here.

> **AI 大模型**
>
> Slurry Preparation （Mixing）: This video is from a live session recorded at CIDETEC Energy Storage's Battery Pilot Line, providing insights into the mixing stage of slurry preparation. Watch it here.
>
> Lithium-Ion Battery Electrode Slurry Mixer Operational Video:
> This video shows the operation of a compact desktop slurry mixing machine, specifically designed for lithium-ion battery electrode slurry. Watch it here.
> These videos offer a practical view of the slurry preparation process, highlighting various techniques and machinery used in the industry.

如果使用的 AI 大模型默认搜索语言为英文，其反馈的搜索结果为英文，可输入翻译命令：请将上述搜索结果翻译成中文。

> **YOU**
>
> 请将上述搜索结果翻译成中文。
>
> **AI 大模型**
>
> 我找到了一些展示锂离子电池制浆过程的有用视频：
>
> **电池电极浆料的生产**：这个视频展示了一种革命性的电极电池浆料生产过程，声称在提高电池性能的同时显著地节省了成本。观看视频
>
> **浆料准备（混合）**：这个视频记录了 CIDETEC 能源存储电池试验线上的实时混合阶段浆料准备过程。观看视频
>
> **锂离子电池电极浆料搅拌机操作视频**：这个视频展示了一种为锂离子电池电极浆料设计的紧凑型桌面搅拌机的操作过程。观看视频
>
> 这些视频提供了制浆过程的实际视角，突出了行业中使用的各种技术和机械。

AI 大模型找出 3 个介绍锂离子电池制浆过程的视频链接，任意点击其中一个链接，可抵达相关网站观看制浆视频，如图 3.4 所示。

图 3.4　制浆视频截图

通过上述文字和视频介绍，一个翔实、具体的锂离子电池制浆全景历历在目。

此外，倘若你是一位生产车间主任，正苦于提升锂离子电池的产品质量和性能，那么 AI 大模型能否发挥作用呢？答案是肯定的。

由于 AI 大模型不能直接搜索数据库，所以难以借助它找到实际案例。为了提高问题解决的指向性，我们可自行获取相关资料。以一篇相关学术论文为例，Kim 等人在论文 *Effect of mixing sequences on the electrode characteristics of lithium–ion rechargeable batteries* 中优化了锂离子电池制浆工艺[1]，用 AI 大模型分析该论文的成果。

步骤如下：

①点击 AI 大模型对话框中添加附件的按钮，将论文上传至 AI 大模型，如图 3.5 所示。

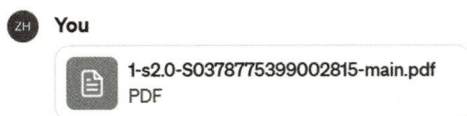

图 3.5　AI 大模型的界面

②采用如下提示语，界定角色后提出相关要求。

YOU

你是锂离子电池专家，请根据上述论文的实际案例，说明制浆工艺步骤优化的效果，要求以数据的方式说明。

AI 大模型

从你提供的论文 *Effect of mixing sequences on the electrode characteristics of lithium-ion rechargeable batteries* 中，我们可以提取以下关键数据和结论来说明制浆工艺步骤优化的效果：

不同混合方法的黏度变化：

· 方法 1：黏度 8 100 cP，稳定时间 100 min。

· 方法 2：黏度 7 250 cP，稳定时间 200 min。

· 方法 3：黏度 6 200 cP，稳定时间 90 min。

· 方法 4：黏度 4 800 cP，稳定时间 130 min。

电极厚度变化：

· 方法 1：涂覆后 121~125 mm，压实后 97~101 mm。

· 方法 2：涂覆后 124~130 mm，压实后 100~105 mm。

· 方法 3：涂覆后 121~123 mm，压实后 97~101 mm。

· 方法 4：涂覆后 118~120 mm，压实后 92~96 mm。

放电容量变化：

· 在 40 个循环后，方法 4 的电池保持了初始容量的约 80%，显示出最好的稳定性。

这些数据显示，不同的混合方法对浆料的黏度、电极厚度以及最终电池的放电性能有显著影响。方法 4 在保持较低黏度的同时，还能在电池循环过程中保持较高的放电容量稳定性，表明其为最优的混合方法。

这项研究强调了锂离子电池制浆工艺中混合顺序的重要性，以及其对电池性能的直接影响。通过优化制浆工艺，可以有效提升电池的性能，特别是在放电容量和循环稳定性方面。

按照上述步骤，可高效提炼相关论文中的研究成果。车间主任可基于这些成果信息，结合车间情况，选择合适的方案优化锂离子电池的产品质量和性能。例如，可以采用低成本的方法（如直接采用 AI 大模型提供的方法 4）进行测试，并在生产线上验证其提升锂离子电池产品质量的实际效果。

2）涂布

锂离子电池涂布是利用涂布设备将含有正负极活性物质的悬浮液浆料均匀涂布于铜箔或铝箔上，然后干燥成膜的过程。涂布过程主要包括剪切涂布、润湿和流平、干燥 3 个工序。在向 AI 大模型询问涂布的具体知识时，可以在提示语中采用另一个技巧，即加入"让我想想（思考）"这样的语句，触发 AI 大模型生成更具深度的文本内容。

YOU　让我想想，你是锂离子电池专家，请用专业语言介绍涂布过程。

AI 大模型　在锂离子电池制造中，涂布过程是电极制备的关键环节，它涉及将电极活性材料的浆料均匀地涂布在集流体上。这个过程对电池的性能和一致性有着直接影响。以下是涂布过程的专业描述：

涂布设备：
- 涂布机种类：常用的涂布机包括刮刀涂布机（doctor blade coater）、槽式涂布机（slot-die coater）、转辊式涂布机（roll-to-roll coater）等。
- 设备参数：涂布机参数如涂布速度、辊压力、刮刀间隙等需要根据浆料特性和涂布要求精确调整。

浆料制备：
- 组成：浆料一般由活性材料、导电剂、黏结剂和溶剂组成。
- 特性：浆料的黏度、流变特性和均匀性对涂布过程至关重要，须严格控制。

AI 大模型

涂布步骤：

· 预处理：集流体表面处理，如清洁和预热，以提高涂布效果。

· 涂布：将浆料均匀涂布在集流体上，控制涂布的厚度和均匀性。

· 干燥：涂布后的电极进入干燥过程，目的是去除溶剂，形成均匀且致密的电极层。

干燥过程：

· 干燥方式：常用的干燥方式包括热风干燥、红外干燥、微波干燥等。

· 参数控制：干燥温度、时间和速率需根据电极材料特性和浆料组成调整。

后处理：

· 压实（Calendaring）：干燥后的电极通过压辊机进行压实，增加电极的密度和机械强度，改善其与集流体的接触。

质量控制：

· 检测：涂布均匀性、干燥状态、电极厚度等需通过专业设备检测，确保电极质量。

涂布过程的优化关键在于精确控制涂布机参数、浆料特性和干燥条件。适当的涂布技术能够确保涂层的均匀性和一致性，从而提高电池的性能和安全性。

尽管触发了 AI 大模型的深度生成能力，但我们可以发现，其给出的内容中仍然缺少对润湿和流平这两个过程的介绍。此外，AI 大模型还生成了超出涂布工艺范围的内容（如压实的介绍），这表明即使在最为擅长的语言生成方面，AI 大模型也有可能答非所问。我们可采用追问的方法，进一步细化或扩展 AI 大模型的生成内容。

为了更详尽地了解涂布过程，我们请 AI 大模型专门介绍润湿和流平这两个过程。

YOU　你是锂离子电池专家，请用专业语言解释润湿和流平。

AI 大模型　在锂离子电池制造领域，润湿（Wetting）和流平（Leveling）是两个关键的概念，尤其是在电极制备的涂布过程中。这两个过程直接影响到电极材料的涂布质量，进而影响电池的性能和可靠性。以下是润湿和流平的专业解释：

1. 润湿（Wetting）

润湿是指液体与固体表面接触时的相互作用过程，它决定了液体在固体表面的铺展程度。在电池制造中，润湿主要指的是电极浆料与集流体表面的相互作用。

润湿角（Wetting Angle）：润湿程度通常通过润湿角来衡量。润湿角小，意味着更好的润湿性，液体更容易在表面铺展。

影响因素：润湿性受到液体的表面张力、固体表面的化学性质及其表面粗糙度的影响。

润湿优化：通过调整浆料的配方（例如，添加表面活性剂）或对集流体进行表面处理，可以改善润湿性。

2. 流平（Leveling）

流平是涂布过程中液体自我平整的能力，是指涂料在涂布后能够自动消除涂布过程中产生的刷痕、辊痕等表面不平整现象，形成光滑的涂膜。

重要性：良好的流平性能是高质量电极涂布的关键，不仅影响电极的外观质量，更重要的是影响电极的内部结构和电池性能。

控制因素：流平性能受到涂料的黏度、表面张力以及干燥过程中的温度和湿度等因素的影响。

流平优化：通过调节浆料的黏度和流变特性，控制涂布和干燥条件，可以优化流平效果。

在锂离子电池的制造过程中，确保良好的润湿和流平是实现高质量电极的关键。这两个过程需要通过精确的材料配方和工艺参数控制来优化。

接下来，以 PNT（People and Technology Inc.）公司生产的涂布机为例，介绍涂布机设备，其外形如图 3.6 所示，涂布机的技术参数如表 3.1 所示。

图 3.6　涂布机外形

表 3.1　涂布机技术参数

名称	具体参数
速度	100 m/min
网幅宽度	1 450 mm
网幅厚度	6 μm
涂布方式	槽模涂布，双层顺序双面涂布，连续和间歇
装载精度	± 1.5%
干燥室类型	上下开放式
加热源	蒸汽和热油
在线密度测量	辐射密度计：Kr–85 贝塔射线（测量部位：网幅，干燥后 A，干燥后 B）
大小	105 m（长）× 9 m（宽）× 10 m（高）

那么，涂布机包含了哪些部分？请 AI 大模型补充介绍。

YOU

让我想想，你是锂离子电池制造专家，请用专业术语介绍涂布机的构成。

AI 大模型

当然，作为锂离子电池制造领域的专家，我将用专业术语详细介绍涂布机的构成：

涂布头（Coating Head）：

·精密涂布辊（Precision Coater Roller）：用于精确控制涂布厚度和均匀性。

·刮刀系统（Doctor Blade System）：调整涂层的均匀度和去除多余材料。

浆料供应系统（Slurry Supply System）：

·储存槽（Storage Tank）：储存电极浆料。

·输送泵（Transfer Pump）：将电极浆料输送至涂布头。

干燥系统（Drying System）：

·红外线干燥器（Infrared Dryer）：快速干燥涂层，去除溶剂。

·热风循环系统（Hot Air Circulation System）：保证干燥均匀，防止涂层裂纹。

集流体输送系统（Current Collector Feeding System）：

·卷轴装置（Reel-to-Reel Mechanism）：连续输送铜箔或铝箔。

·张力控制器（Tension Controller）：确保集流体在涂布过程中的平稳和张力控制。

控制系统（Control System）：

·程序逻辑控制器（Programmable Logic Controller, PLC）：自动化控制整个涂布过程。

·人机界面（Human-Machine Interface, HMI）：操作界面，用于设置参数和监控操作。

在线检测和质量控制（Inline Inspection and Quality Control）：

·光学传感器（Optical Sensors）：监测涂层厚度和均匀性。

·缺陷检测装置（Defect Detection System）：识别涂层缺陷。

后处理系统（Post-processing System）（可选）：

·切割装置（Cutting Device）：将涂层材料切割成所需尺寸。

·卷取装置（Rewinding Mechanism）：卷取处理后的材料。

这些组件协同工作，确保电极材料均匀、精确涂布在集流体上，这对于制造高性能的锂离子电池至关重要。涂布机的设计和操作对于电池的能量密度、循环寿命和安全性有着直接的影响。

在涂布过程中，可能会出现一些缺陷，这些问题不容忽视。我们可以借助 AI 大模型，顺着以下典型的缺陷表现形式及其优化措施，自行探索。

表现形式 1：拉丝和细条道。拉丝是指沿涂布方向出现的细条纹，也称细条道和铅笔道，主要是由于片幅、浆料或空气中夹杂的颗粒或气泡导致涂布头表面污染，涂布头的小缺口也可能造成类似颗粒物的影响。

优化措施：去除杂质、清洁片幅、调控各涂层的流速以减少相邻层之间的流速差异，清洁挤压机头锈蚀。

表现形式 2：纵条道。纵条道是指片幅上出现的纵向条道，通常沿涂布方向的反向形成，也称竖条道。这是涂布过程中普遍存在的问题。

优化措施：调整浆料输送量与涂布量，使之相互适配。

表现形式 3：砂眼和斑点。这类缺陷通常是由于环境因素导致涂层液中存在气泡等杂质。

优化措施：对浆料采用多组过滤和消泡装置，并配合有效的消泡剂；控制浆料输送系统的环境密封性，保持恒温恒压；净化生产车间环境，消除尘埃。

表现形式 4：橘皮状和磨砂状。这类缺陷的产生可能是由于浆料各湿层间流速差大，形成冲刷；或浆料配方中组分比例不合理。

优化措施：控制和调整湿涂层流速，调整浆料组分比例。

表现形式 5：一致性不高。这可能是由于片幅与挤压机头涂布间隙误差大，浆料挤出条缝间隙误差大，以及浆料在坡流面上分布不均（这些属于机械误差因素）。此外，坡流面与弯液面各点之间的温差过大，也会造成黏度不均。

优化措施：增强机头保温措施，提高弯液面处的浆料温度，控制浆料黏度。

3）辊压

辊压是锂离子电池极片制造过程中的一个重要步骤，其中活性颗粒在辊压机的作用下发生流动、重排和嵌入。该工序一般安排在分切之前，涂布干燥之后，主要目的是减少颗粒空隙，提高粉体层单位体积的活性物质承载量和排列紧密度。该过程本质是通过外力促使粉体重排和致密化。

如下所示，借助 AI 大模型具体介绍辊压的原理与工艺步骤。

> **YOU**
> 你是锂离子电池专家，请介绍极片的辊压原理与工艺。
>
> **AI 大模型**
> 极片辊压是锂离子电池制造过程中的一个关键步骤，它涉及使用高压辊压机将活性材料、导电剂、黏结剂的混合物轧制成均匀且致密的电极片。这个过程不仅影响电池的能量密度和功率输出，而且对电池的循环寿命和安全性也有重要影响。以下是极片辊压的原理与工艺的详细介绍：
>
> **原理：**
> · 辊压过程中，粉末混合物被喂入两个相对转动的辊轮之间。这些辊轮施加压力，使粉末混合物在辊间通过时发生塑性变形，形成致密的电极薄片。
> · 辊压机通常具有可调的辊间距和压力设置，允许对电极片的厚度和密度进行精确控制。
>
> **工艺步骤：**
> · 混合：首先将活性物质、导电剂和黏结剂混合均匀，确保电极材料的一致性。
> · 预压：混合物经过预压处理，形成较松散的初步电极片。
> · 辊压：预压后的电极片通过辊压机进行最终的压实。在这个步骤中，可以通过调整辊轮的压力和速度来控制电极片的厚度和密度。
> · 裁剪：轧制成型后的电极片根据需要被裁剪到特定尺寸。

> 🔵 **AI 大模型**
>
> **工艺参数：**
> · 辊压压力：这是决定电极片密度的关键参数。较高的压力会产生更致密的电极片，但也可能导致电极材料的损坏。
> · 辊间距：辊间距的大小直接决定了电极片的厚度。
> · 辊速：辊轮的转速影响着生产效率和电极片的均匀性。
>
> **压实效果：**
> · 辊压后的电极片具有更高的能量密度，因为更致密的结构允许在单位体积内包含更多的活性物质。
> · 此外，良好的压实还有助于提高电极片的机械强度和提升锂离子的传输效率。
>
> **优化和挑战：**
> · 辊压工艺的优化需要平衡电极密度和厚度的需求，以及保持电极材料的完整性和功能。
> · 主要挑战包括避免因过度压实导致的活性材料损坏，以及确保电极片的均匀性和一致性。总的来说，辊压是一个精密的过程，需要细致地调整各种参数以满足特定电池的性能要求。通过优化辊压工艺，可以显著提升锂离子电池的性能和可靠性。

需补充的是，锂离子电池极片在辊压过程中可能会出现极片伸长现象。这是因为在辊压作用下，粉体上层的颗粒受到挤压并流动，使其在前后两个方向移动，从而对集流体产生拉力。一旦拉力大于集流体的强度，集流体便会伸长。此外，粉体中不同活性物质由于压缩性能的差异，也会产生伸长现象。通常，辊压后的极片伸长率控制在 5% 以内。

某型号辊压机原理示意图和外形如图 3.7 所示，其关键技术参数如表 3.2 所示。

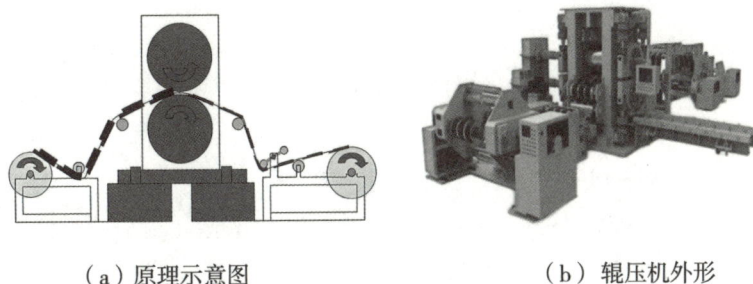

（a）原理示意图　　　　　　　（b）辊压机外形

图 3.7　某型号辊压机原理示意图和辊压机外形

表 3.2　辊压机关键技术参数

名称	具体参数
速度	120 m/min
网幅宽度	700 mm
压辊压力	6.4 t/mm
辊压类型	阳极：热轧；阴极：冷多级轧制；上辊：固定；下辊：上下移动控制；用于辊间隙调整的液压伺服控制系统
厚度控制	±3 μm（用于轮廓控制的背压缸）
防皱方法	上下开放式；高张力拉伸装置
在线厚度测量	光束遮蔽阴影测量法；磁感应器距离测量
尺寸	15 m（长）×10 m（宽）×4 m（高）

那么，辊压机包含了哪些部分？请 AI 大模型补充介绍。

YOU　让我想想，你是锂离子电池专家，请用专业术语介绍辊压机的构成。

AI 大模型　作为一名锂电池制造领域的专家，我可以详细介绍一下辊压机的构成和它的关键部分。辊压机是锂电池制造过程中不可或缺的设备，它在电极制造环节中起着至关重要的作用。

1. 辊压机的主要构成

辊子系统（Roller System）：

· 辊子（Rollers）：通常由两个或多个对称安置的辊子组成，这些辊子可以是平面的或带有特定纹理的，用于对电极材料施加压力。

AI 大模型

· 间隙调节装置（Gap Adjustment Mechanism）：用于调整辊子之间的距离，以控制电极材料的厚度和密度。

传动系统（Drive System）：

· 电动机（Motor）：提供动力，驱动辊子旋转。

· 变速器（Transmission）：调节辊子的旋转速度，以适应不同的生产需求。

控制系统（Control System）：

· PLC（Programmable Logic Controller）：用于精确控制辊压机的各项参数。

· 操作界面（Human-Machine Interface, HMI）：允许操作人员设置和监控辊压机的运行状态。

压力控制系统（Pressure Control System）：

· 液压或气压系统（Hydraulic or Pneumatic System）：用于调节施加在电极材料上的压力。

安全装置（Safety Features）：

· 紧急停止按钮（Emergency Stop Button）：在突发情况下快速停止机器。

· 保护罩（Protective Shielding）：防止操作人员接触到移动的部件。

2. 辊压过程的重要性

压缩电极材料：提高电极材料的体积密度，减少孔隙。

均匀分布：确保电极材料在集流体上分布均匀。

改善电池性能：提高能量密度，降低内阻，增加循环稳定性。

辊压机的设计和操作直接影响着锂电池电极的质量，因此在电池的整个制造过程中占据着核心地位。通过对辊压机的精细控制，可以有效提升电池产品的性能和可靠性。

理想情况下，辊压后的极片表面平整度高、色差均匀、任意横纵截面厚度一致、外形平直。但实际中，辊压后可能会出现很多缺陷，如瓢曲、起拱、波浪、侧弯、褶皱、裂边、翻边、颗粒突起、凹陷、空洞、气泡、花纹、粉体脱落和色差等。

为降低辊压后的缺陷率，需要对辊压工艺进行优化。请 AI 大模型补充介绍辊压工艺的优化与极片质量的控制。

YOU　让我想想，你是锂离子电池专家，请介绍辊压工艺的优化与极片质量的控制。

AI 大模型　在锂离子电池的制造中，辊压工艺的优化和极片质量控制是确保电池性能和可靠性的关键环节。以下是一些关键方面：

辊压参数优化：通过精确调整辊压机的压力、辊间距、辊轮速度等参数，实现极片厚度和密度的均匀性。

温度控制：特别是在热辊压过程中，精确的温度控制对于提升极片的结构一致性和电化学性能至关重要。

自动化和监控系统：引入自动化设备和监控系统可以实时监测辊压过程，及时调整参数以确保极片质量。

表面和结构检测：对辊压后的极片进行细致的表面和结构检测，确保无缺陷。

通过这些优化和控制措施，可以显著提升极片的质量，进而提高电池的整体性能和寿命。

4）分切

极片分切是指利用分切机将涂布辊压之后的大片极片分裁成单个极片的过程。分切分为纵切和横切，纵切是沿极片的长度方向将其分切成长条状，横切则是指沿垂直于长度方向进行切断操作。

接下来，借助 AI 大模型具体介绍分切的原理与工艺步骤。

YOU　你是锂离子电池专家，请介绍极片的分切原理与工艺。

AI 大模型　在锂离子电池制造过程中，极片的分切是一个重要的步骤，其主要目的是将大卷的电极材料切割成适合电池组装的大小和形状。下面是极片分切的原理和工艺的详细介绍。

AI 大模型

极片分切原理：

·切割大卷材料：在涂布和干燥过程之后，电极材料通常以大卷形式存在。分切机将这些大卷材料切割成特定尺寸的小片。

·精确控制尺寸：分切过程需要非常精确地控制切割尺寸，以确保电池组装时极片的一致性和准确配合。

·保持材料完整性：在切割过程中需要谨慎操作，以避免损坏电极材料或改变其化学和物理性质。

极片分切工艺：

·设定分切参数：根据电池设计的需求设定分切机的尺寸、速度和切割模式。

·装载电极材料：将涂布和干燥后的电极材料卷装入分切机。

·执行切割：启动分切机，根据预设参数将电极材料切割成所需尺寸。

·质量检查：切割完成后，检查极片的尺寸、边缘平整度和完整性，确保符合质量标准。

·后续处理：切割后的极片可能需要进一步处理，如清洁、检测或打包，以备后续的电池组装使用。

分切对电池性能的影响：

·尺寸一致性：确保所有电池单元的尺寸标准化，有助于提高电池包的整体性能和一致性。

·材料利用率：高效的分切过程可以最大限度地减少材料的浪费，提高生产效率。

·电池安全性：精确的切割有助于避免电池短路或组装不良，从而提高电池的安全性。

综上所述，极片的分切是锂离子电池制造过程中的一个关键环节，它直接影响到电池的组装质量和最终性能。通过精确的工艺控制，可以确保电池单元的质量和一致性，从而提高整个电池包的性能。

某型号分切机的外形如图 3.8 所示，其关键技术参数如表 3.3 所示。

图 3.8　某型号分切机外形

表 3.3　分切机关键技术参数

名称	具体参数
速度	120 m/min
网幅宽度	700 mm
毛刺尺寸	15 μm 以下
辊压类型	圆形分切刀片（剪切式组合）；碳化刀片（钨碳化物）
分切偏差	± 0.5 mm
刀片更换方式	手动更换刀片盒
在线缺陷检测	视觉检测相机和贴标机（利用人工智能准确检测和分类缺陷）
尺寸	10 m（长）× 4.5 m（宽）× 3 m（高）

那么，分切机包含了哪些部分？请 AI 大模型补充介绍。

YOU　让我想想，你是锂离子电池制造专家，请用专业术语介绍分切机的构成。

AI 大模型　作为一名锂离子电池制造专家，我可以详细介绍分切机的构成，这是在锂电池制造过程中用于切割电极材料的关键设备。以下是分切机的主要构成部分和它们的功能：

AI 大模型

1. 分切机的主要构成

切割系统（Cutting System）：

- 刀片（Blades）：通常使用碳化钨（Tungsten Carbide）等硬质材料制成，以确保切割精度和耐用性。
- 刀片类型（Blade Type）：可能包括圆形分切刀片（Circular Slitting Knives）和剪切式组合刀片（Shear-Gang Type Blades）。

导引系统（Guiding System）：

- 导轨（Guide Rails）：确保材料平稳通过切割区域。
- 张力控制（Tension Control）：维持电极材料在切割过程中的适当张力。

尺寸控制（Dimension Control）：

- 微调机制（Micro-adjustment Mechanism）：精确调节刀片位置，控制切割尺寸。

清洁和异物防护系统（Cleaning and Foreign Body Prevention System）：

- 清洁单元（Cleaning Units）：使用羊毛、无纺布等材料清除切割过程中产生的微粒。
- 磁棒（Magnetic Bars）：捕捉和移除金属微粒。

在线缺陷检测系统（In-line Defect Inspection System）：

- 视觉相机（Vision Cameras）：实时监测材料的质量。
- 人工智能标记系统（AI Labeling System）：自动检测和分类缺陷。

操作控制系统（Operational Control System）：

- 控制面板（Control Panel）：用于调整和监控机器的运行。
- 程序逻辑控制器（PLC）：自动化控制切割过程。

刀片更换系统（Blade Exchange System）：

- 快换装置（Quick-Change Cartridge）：便于快速、安全地更换刀片。

2. 分切机的工作原理

- 电极材料在导轨的引导下进入切割区域。
- 根据预设参数，刀片以精确的间隙进行切割，形成所需尺寸的极片。
- 清洁系统去除切割过程中产生的碎片和粉尘。
- 缺陷检测系统检测并标记任何质量问题。

> **AI 大模型**
>
> **3. 分切机对电池性能的影响**
> ·确保极片尺寸的精确性和一致性，对电池组装和整体性能至关重要。
> ·高质量的切割减少材料浪费，提高生产效率。
> ·清洁和异物防护系统保护电池免受污染，提高电池的可靠性和安全性。
> 综上所述，分切机在锂离子电池的制造过程中起着至关重要的作用，特别是在电极制备阶段。通过精确控制分切参数，可以确保电池电极的质量，从而提高最终电池产品的性能和可靠性。

随着激光技术的发展，激光分切已被应用于极片分切，以满足锂离子电池生产过程中对分切质量的更高要求。与传统的机械分切方法相比，激光分切无须频繁更换刀具，具有非接触式加工、无磨损、加工过程灵活、能适应不同形状加工需求的优点。

> **YOU**
>
> 你是锂离子电池制造专家，请介绍激光分切工艺，要求提供必要的数据支撑。
>
> **AI 大模型**
>
> 作为锂离子电池制造专家，我知道激光分切工艺是电池制造中重要的一环，尤其在精确制造和设计电池时。这一工艺使用激光精确切割电极材料，优势包括：
> **高精度和重复性**：激光分切可以实现非常精确的切割尺寸，误差通常在微米级别。
> **无接触切割**：由于激光切割是无接触过程，因此减少了物理损耗和材料变形的风险。
> **可调节的切割速度和深度**：根据材料和设计需求，激光强度和焦距可以调节，以控制切割速度和深度。
> **材料适用性广**：激光切割可用于多种电极材料，包括薄膜和较厚的板材。
> 具体数据支撑，例如切割速度、激光功率、材料厚度等，会根据具体的设备和材料类型有所不同。在实际应用中，这些参数需要根据电池设计和生产需求进行精确调整。

在锂离子电池极片的分切过程中，常见的极片缺陷包括：

· 毛刺：毛刺是边缘存在大小不等的细短金属丝或尖锐的金属刺。

· 粉尘：在极片辊压和分切过程中，涂层边缘的粉体可能会脱落并附着在极片表面，称为极片粉尘。

· 翻边：翻边是极片边缘部分翘起和弯折的现象。

以上缺陷均可能导致极片穿破隔膜，从而增加电池的自放电率，并可能引起电池内部短路。尤其是在恶劣的高温环境下，电池隔膜的强度下降，毛刺和粉尘更容易刺破隔膜，可能引发电池热失控，导致起火甚至爆炸。

5）装配

装配是指将锂离子电池正负极片、隔膜、极耳、壳体等部件组装在一起的过程，包括卷绕、叠片、组装、焊接等工序。

· 卷绕：将集流体上焊接有极耳的正负极片和隔膜，按照正极—隔膜—负极的顺序依次排列，制成方形或圆柱形电芯的过程。其核心步骤如下：首先，利用超声焊将极耳焊接到集流体上，通常铝极耳用于正极极片，镍极耳用于负极极片。然后，按照正极极片—隔膜—负极极片—隔膜的顺序卷绕，最终组装成圆柱形或方形电芯。

· 叠片：按照正极极片—隔膜—负极极片的顺序，将集流体作为引出极耳，逐层叠放在一起，制成叠片电芯的过程。

· 组装：将电芯、壳体、盖板和绝缘片等装配到一起的过程。

· 焊接：将极耳、极片、壳体、盖板按工艺要求连接在一起的过程。在锂离子
  电池装配过程中，极耳与集流体、极耳与壳体、极耳与电极引出端子、壳体
  外底部与电极引出端子、壳体与盖板等都需要焊接。

3.5 小结

在本章中，我们借助 AI 大模型深入探索了极片的外观、材料特性，明晰了基础科学问题以及关键制造工艺。此外，我们还运用了 AI 大模型的 3 种能力：图片生成、信息搜索和文献归纳。

在图片生成方面，我们以层状材料如 $LiCoO_2$ 为例，展示了 AI 大模型如何生成图片。通过对比生成效果，我们不难发现生成式 AI 与传统搜索引擎之间的差异。搜索引擎是根据关键词检索互联网上已经存在的链接和文本，生成式 AI 则是通过模式预测，根据提示语生成新内容。它们之间是互补关系，不是替代关系。有必要指出的是，AI 大模型，如 ChatGPT 生成图片依赖于绘图模型 DALL-E，背后原理是基于素材库图片（原始图像＋标签）进行预测生成，不可避免地会在准确的科学图片上加上随机因素，这种随机因素在艺术创作中可能成为灵感的来源，但在工程科学领域是不可接受的。

在信息搜索方面，AI 大模型帮助我们快速找到相关工艺的视频资料。通过观看制浆工艺的生产过程，我们不仅能直观地理解电池制造工艺，还可以快速地将理论与实际联系起来。

在文献归纳方面，AI 大模型帮助我们降低了知识获取门槛和语言障碍。例如，截至 2024 年 11 月，ChatGPT 4.0 能处理 50 种语言，覆盖全球主要国家和地区。它能在短时间内帮助我们总结现有研究成果，为我们的研究和问题解决提供指导。

参考文献

[1] KIM K M, JEON W S, CHUNG I J, et al. Effect of mixing sequences on the electrode characteristics of lithium−ion rechargeable batteries[J]. Journal of Power Sources, 1999, 83: 108−113.

[2] 陈彦彬，刘亚飞，张联齐，等 . 储能及动力电池正极材料设计与制备技术 [M]. 北京：科学出版社，2021.

[3] 张涛，杨军 . 高能锂离子电池的"前世"与"今生"[J]. 科学，2020，72(1)：5−9.

[4] 张学强，赵辰孜，黄佳琦，等 . 下一代锂电池在能源化学工程方面的研究进展 [J].Engineering，2018，4(6)：191−225.

[5] 曹林，孙传灏，袁中直，等 . 锂电池术语 [J]. 储能科学与技术，2018，7(1)：148−153

[6] DOYLE M, NEWMAN J, GOZDZ A S, et al. Comparison of modeling predictions with experimental data from plastic lithium ion cells [J]. Journal of the Electrochemical Society, 1996, 143(6)：1890−1903.

[7] 查全性，等 . 电极过程动力学导论 [M].3 版 . 北京：科学出版社，2002.

[8] ACHIAM J, ADLER S, AGARWAL S, et al. Gpt−4 technical report[J]. arXiv preprint arXiv: 2303.08774, 2023.

第 4 章

借助 AI 大模型解析锂离子电池电解液

4.1 借助 AI 大模型认识电解液

电解液属于精细化工产品，通常为无色或淡黄色、气味微弱的非水溶剂，由高纯度溶剂（占 80% 以上）、电解质（占 10% 以上）和必要的添加剂（约占 5%）等主要材料配制而成。电解液作为电池中离子传输的载体，在正负极之间传导锂离子，为锂离子提供了可自由脱嵌的环境，对锂离子电池的能量密度、比容量、工作温度范围、循环寿命及安全性能等均有重要影响。

初看上述文字，若感觉枯燥、难懂，我们可让 AI 大模型将抽象难懂的化学知识转化为幽默风趣的科普短文。

YOU

让我想想，帮我写一篇解释电解液的科普短文，要求语言风格：小红书体。情感基调：幽默风趣，字数 500 字。

AI 大模型

好的，让我们幽默风趣地聊聊电解液吧！

亲爱的朋友们，今天我们来聊聊那个锂电池里不起眼但超重要的家伙——电解液。咱们的电解液可是锂电池的"隐形英雄"，它就像是一位神奇的巫师，让电池里的锂离子像小精灵一样自由穿梭。

> **AI 大模型**
>
> 想象一下，如果没有电解液，那我们的手机、笔记本电脑，甚至是电动汽车，都会变成只能看不能用的"摆设"。电解液的任务就是在电池充放电时，让锂离子从正极跳到负极，然后再跳回来。这就像在一个巨大的电子舞池中，指挥着锂离子们的疯狂舞蹈。
>
> 但这位巫师也挺挑剔的，它需要的环境得既安全又稳定。如果遇到不合适的条件，它可能就会变脸，让电池发热，甚至着火哦！
>
> 所以啦，下次当你看到电池充电指示灯亮起时，别忘了默默感谢一下这位电池中的"隐形英雄"——电解液。虽然它不怎么露面，但它确实让我们的电子设备变得更加神奇和强大！
>
> #锂电池知识 #电解液的奥秘 #科普时间

值得注意的是，提示语中要求 AI 大模型的语言风格为"小红书体"，我们也可以随意输入一段文字，并 "喂"给 AI 大模型让其模仿。比如，将李白的《望庐山瀑布》"喂"给 AI 大模型，要求其模仿这首诗的风格，创作一首科普短诗。

> **YOU**
>
> 日照香炉生紫烟，遥看瀑布挂前川。
> 飞流直下三千尺，疑是银河落九天。
>
> **AI 大模型**
>
> 这是唐代诗人李白的名作《望庐山瀑布》。李白以其超凡的想象力和绚丽的语言，生动地描绘了庐山瀑布的壮观景象。首句"日照香炉生紫烟"描绘了阳光照射下的庐山，仿佛香炉中升起了紫色的烟雾。接着，"遥看瀑布挂前川"将瀑布比作挂在山前的巨幅画卷。最后两句"飞流直下三千尺，疑是银河落九天"更是将瀑布的壮丽景观与银河相比，充分表达了诗人对自然美景的赞叹和对宇宙奥秘的惊叹。这首诗展示了李白的诗歌才华和对自然美景的深刻感受。

> **YOU**　让我想想，你是锂离子电池专家，请仿照上述诗句写一篇解释电解液的科普短诗句，情感基调：幽默风趣。
>
> **AI 大模型**　当然，让我们以诗意的方式来描述电解液吧：
> 电解液中舞锂精，穿梭电极轻灵行。
> 如同画师描银河，能量流转光影长。
> 正负之间搭桥梁，传递电子不停留。
> 如瀑布般洒落能，化作动力在掌中。
> 这首诗诗意地描述了电解液在锂离子电池中的作用，它充当了电子传输的媒介，就像是在正负极间架起了一座桥梁，使能量得以顺畅流转。

　　需要指出的是，电解液是电池电解质的一种，由于其使用更为广泛且商业化程度更高，所以本章以液态电解质（电解液）为代表进行介绍。除此之外，电解质还有半固态电解质和固态电解质。

4.2 借助 AI 大模型掌握电解液性质

电解液由锂盐 [六氟磷酸锂（LiPF$_6$）、四氟硼酸锂（LiBF$_4$）和六氟砷酸锂（LiAsF$_6$）]、溶剂 [碳酸酯类，如碳酸乙烯酯（EC）、碳酸二甲酯（DMC）、碳酸二乙酯（DEC）等] 和添加剂构成，如表 4.1 所示。

表 4.1 电解液成分构成

成分	物质	作用	质量占比
锂盐	六氟磷酸锂（LiPF$_6$）、六氟砷酸锂（LiAsF$_6$）、四氟硼酸锂（LiBF$_4$）、双氟磺酰亚胺锂（LiFSI）	锂离子迁移的介质	12%~14%
溶剂	通常为碳酸酯类有机溶剂，包括： 链式碳酸酯：碳酸二甲酯（DMC）、碳酸二乙酯（DEC）、碳酸甲乙酯（EMC）；环状碳酸酯：碳酸乙烯酯（EC）、碳酸丙烯酯（PC）；新型溶剂：氟代溶剂、亚硫酸酯等，目前处于研发阶段	溶解锂盐溶质	81%~86%
添加剂	成膜添加剂，如碳酸亚乙烯酯（VC）、氟代碳酸乙烯酯（FEC）等阻燃添加剂，过充保护添加剂，高低温添加剂等	改善电解液各类性能	2%~5%

电解液的物理化学性质包括电化学稳定性、传输性质、热稳定性和相容性。

· 电化学稳定性：当电解液发生氧化反应和还原反应的电位之差变大时，表明其电化学稳定性好。这个电位之差也称电化学窗口，锂离子电池的电化学窗口一般要求达到 4.5 V 以上。

· 传输性质：指电解液在正负极材料之间传递物质和电量的能力。电解液的传输性质与其黏度和电导率有关。电解液的黏度由锂盐和溶剂共同决定。影响电解质黏度的主要因素包括温度、锂盐浓度以及溶剂与离子之间的相互作用。

· 热稳定性：电解液的热稳定性与锂盐和溶剂有关。

· 相容性：电解液的相容性是指维持嵌入和脱嵌反应，而限制副反应发生的特性，主要体现在锂盐、溶剂和添加剂与正负极材料的匹配性上。

那么，电解液有哪些性能指标？ AI 大模型介绍如下。

YOU

你是锂离子电池专家，请介绍电解液的性能指标，要求给出常见的指标参数参考。

AI 大模型

锂离子电池的电解液是电池性能的关键组成部分，它主要负责在正负极之间传输锂离子。电解液的性能指标主要包括以下几个方面：

电导率：这是衡量电解液导电能力的重要参数，通常以 S/cm（西门子/厘米）为单位。高电导率意味着电解液可以更有效地传输锂离子，从而提高电池的充放电效率。常见锂离子电池电解液的电导率一般在 $10^{-3} \sim 10^{-2}$ S/cm 范围内。

稳定性（化学、热和电化学稳定性）：稳定性指的是电解液在不同条件下（如高温、高电压环境）保持性能不变的能力。电解液应具有良好的化学稳定性，不与电池的其他组成部分发生反应，并且能够在较宽的温度和电压范围内稳定工作。

黏度：黏度影响了锂离子在电解液中的迁移速率。一般来说，较低的黏度有助于提高电导率，但过低的黏度可能会影响电池的循环稳定性。常见的锂离子电池电解液黏度范围为 2~5 cP（厘泊）。

闪点：这是指电解液开始蒸发形成可燃混合气体的最低温度。较高的闪点意味着在高温下电池更安全。一般锂电池电解液的闪点应该高于室温，通常在 70 ℃以上。

水分含量：水分会严重影响电解液的性能和电池的寿命，尤其是在高电压下。因此，电解液的水分含量需要严格控制，通常在 20 ppm（百万分之一）以下。

AI 大模型

锂盐浓度：电解液中的锂盐（如 $LiPF_6$）提供了锂离子。锂盐的浓度影响电解液的电导率和黏度。一般锂盐的浓度在 1.0~1.5 mol/L。

这些性能指标对于锂离子电池的整体性能和寿命至关重要，电池制造商会根据具体应用和要求选择或调整这些参数。

4.3　借助 AI 大模型分析界面问题

电解液在锂离子电池中起着媒介作用，其固液界面的性质对锂离子电池充放电效率、能量效率、能量密度、功率密度、循环性、服役寿命、安全性及自放电等特性具有重要影响。当充放电电位范围较宽时，在正负极表面会形成一层或多层固体电解质界面（Solid Electrolyte Interphase，SEI）。通常，采用非水有机溶剂的锂离子电池中，理想的 SEI 膜应具有以下特征：

· 当 SEI 膜厚度超过电子隧穿长度时，对电子完全绝缘。

· 离子电导高。

· 形貌及化学结构稳定。

· 与活性物质结合性良好。

· 机械性能良好。

· SEI 膜成分与电解液不相溶。

为了弥补文字描述不够形象的短板，借助 AI 大模型搜索固液界面示意图，AI 大模型生成了 3 段文本信息。

> **YOU**　你是锂离子电池专家，请在学术网站搜索固体电解质界面示意图。
>
> **AI 大模型**　在我找到的资料中，有一篇来自 *Nature* 网站的文章 *A granular look at solid electrolyte interfaces in lithium-ion batteries*，它深入探讨了固体电解质界面（SEI）在锂离子电池中的作用。文章特别强调了低剂量冷冻透射电

AI 大模型　子显微镜（cryo-TEM）技术在观察 SEI 组成方面的应用，以及对锂离子电池寿命至关重要的 SEI 稳定性。它还详细描述了 SEI 的不同阶段的演变，包括有无添加剂的情况下 SEI 的形成过程，揭示了 Li_2CO_3 和 Li_2SO_4 等常见的 SEI 成分对电池性能的影响。更多详细信息和示意图可以在原文中找到。

AI 大模型　From a quick search, here's what I discovered.

在我搜索的资料中，有一篇文章专门探讨了锂离子电池中的固体电解质界面（SEI）。这篇文章使用了低温透射电子显微镜（cryo-TEM）技术来研究 SEI 的形成和结构。研究发现，在锂金属负极和二乙基碳酸乙烯基电解质之间的界面演变中，形成的 Li_2CO_3 会在接触锂金属负极时分解，同时在外部界面区域也发生分解，导致气泡的产生和多孔 SEI 的形成。在 SEI 中，研究人员识别了三种非晶相：最外层的有机聚合物相、中间的氧化物 – 硫化物相，以及内部的富锂金属相，靠近金属电极的部分电子导电性逐渐增强。这项研究对于理解和优化锂离子电池的 SEI 具有重要意义。

AI 大模型　Based on a quick search, here's what I discovered.

I found a detailed scholarly article that provides insights into the solid electrolyte interface（SEI）in lithium-ion batteries. The article discusses the components of the SEI, such as lithium carbonate（Li_2CO_3）and lithium sulfate（Li_2SO_4）, and their interactions with the lithium electrode. It mentions that these components were once thought to be in direct contact with the metallic lithium electrode, serving as an electronic insulator. However, recent studies using cryogenic transmission electron microscopy（cryo-TEM）have offered new insights into the atomic-scale structure of the SEI.

The study examines the interface evolution between lithium anodes and ethylene diethyl carbonate electrolytes, with and without specific additives. It was found that Li_2CO_3 decomposes upon contact with the metallic lithium anode and in the outer interface region, leading to the formation of bubbles and a porous SEI. The SEI is identified to have three amorphous phases: an outermost organic polymeric

AI 大模型

phase, an oxide–sulfide phase in the middle, and a metallic lithium–rich phase in the interior, with increasing electronic conductivity closer to the metal electrode.

The SEI design poses significant challenges, especially for high–capacity anode materials like silicon, which undergo large volume changes during cycling. These volume changes can induce SEI damage and reduce Coulombic efficiency. The article emphasizes the importance of designing an SEI that can accommodate such stresses and maintain electrochemical stability.

For a more comprehensive understanding and detailed schematic representations of the SEI formation, I recommend referring to the article on Nature's website （source: Nature.com and Nature.com）.

进一步地，可以根据 AI 大模型搜索信息的引文链接，找到对应文献 *A granular look at solid electrolyte interfaces in lithium-ion batteries*，作者通过电子显微镜，研究了 SEI 膜的演变过程，如图 4.1 所示展示了电解质分解过程。

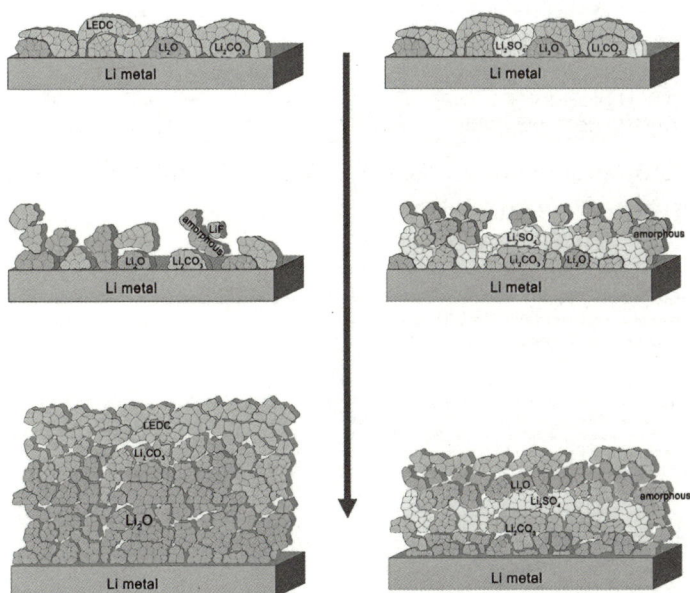

图 4.1 锂离子电池 SEI 膜分解过程图[1]

下面以借助 ChatGPT 为例，提炼并总结该论文的观点。步骤如下：

①点击 ChatGPT 对话框中右侧的按钮，添加附件，如图 4.2 所示。

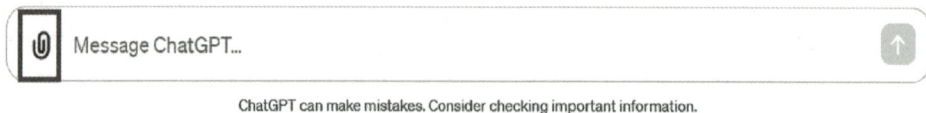

ChatGPT can make mistakes. Consider checking important information.

图 4.2　ChatGPT 界面示意

②定位至论文下载的目录，如图 4.3 所示为论文封面截图。上传论文，如图 4.4 所示。

communications
chemistry

RESEARCH HIGHLIGHT

https://doi.org/10.1038/s42004-021-00521-2　　　OPEN

A granular look at solid electrolyte interfaces in lithium-ion batteries

Lithium-ion batteries suffer from declining performance when the electrolyte decomposes. Now, low-dosage cryogenic transmission electron microscopy (cryo-TEM) visualizes how the common solid electrolyte interface component lithium carbonate decomposes and how additives stabilize the interface.

A solid electrolyte interface (SEI) forms upon initial charging of a liquid-electrolyte lithium-ion battery. SEI stability plays a prominent role for battery lifetime, but probing the intricate processes happening at the native SEI is a delicate endeavor. Now, Yonghong Deng, Ju Li, and Meng Gu from Southern University

Cambridge, USA provide insights into native SEI compositions (https://doi.org/10.1002/adma.202100404)[1].

Common solid electrolyte interface components, such as lithium carbonate Li_2CO_3 and lithium sulfate Li_2SO_4, were long thought to be in direct contact with the metallic lithium electrode,

图 4.3　论文封面截图

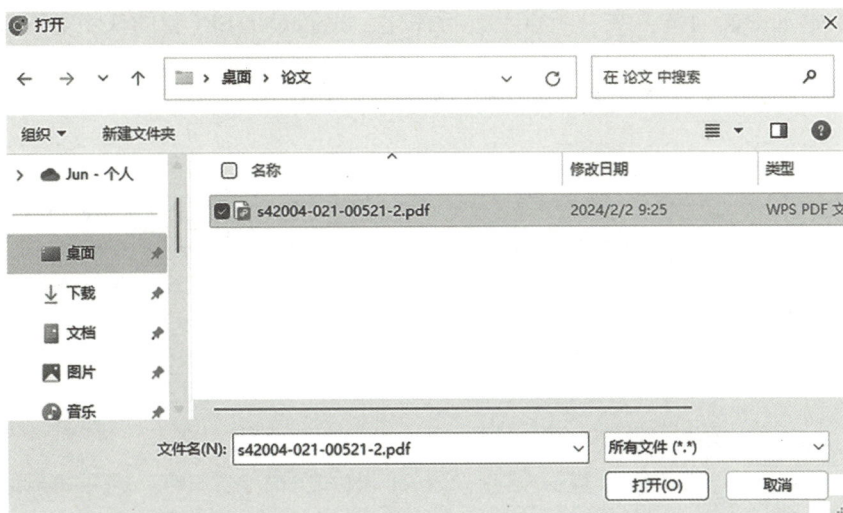

图 4.4 对话框

③输入命令，用中文总结论文观点。得到指令后的 ChatGPT，开始分析上传的英文论文，并用中文归纳总结论文观点。

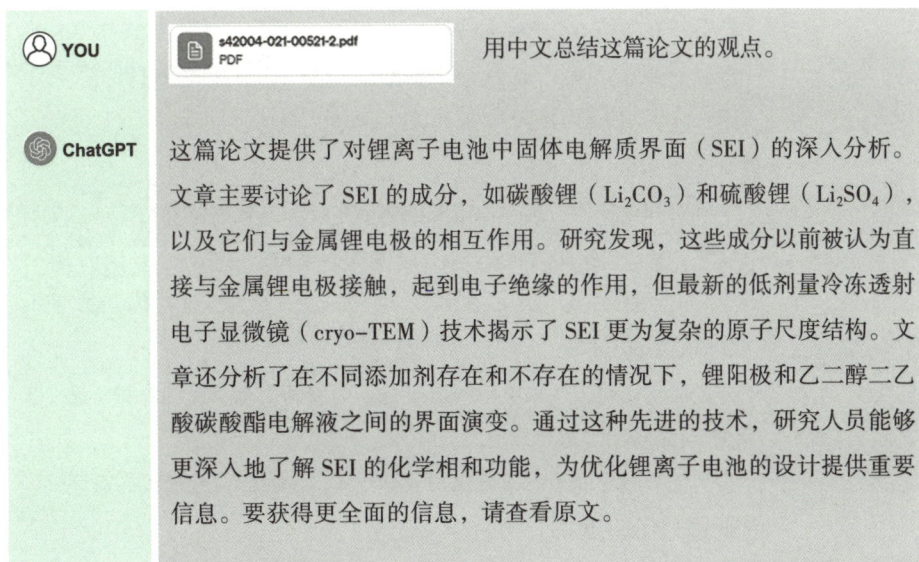

YOU s42004-021-00521-2.pdf PDF 用中文总结这篇论文的观点。

ChatGPT 这篇论文提供了对锂离子电池中固体电解质界面（SEI）的深入分析。文章主要讨论了 SEI 的成分，如碳酸锂（Li_2CO_3）和硫酸锂（Li_2SO_4），以及它们与金属锂电极的相互作用。研究发现，这些成分以前被认为直接与金属锂电极接触，起到电子绝缘的作用，但最新的低剂量冷冻透射电子显微镜（cryo–TEM）技术揭示了 SEI 更为复杂的原子尺度结构。文章还分析了在不同添加剂存在和不存在的情况下，锂阳极和乙二醇二乙酸碳酸酯电解液之间的界面演变。通过这种先进的技术，研究人员能够更深入地了解 SEI 的化学相和功能，为优化锂离子电池的设计提供重要信息。要获得更全面的信息，请查看原文。

学术论文通常是在一个点上进行深化，我们对于 SEI 膜的认识需逐步加深和细致化，下面借助 AI 大模型系统介绍 SEI 膜。

YOU

让我想想，你是锂离子电池专家，请用专业术语向我详细解释锂离子电池 SEI 膜，要求涵盖 SEI 膜结构及其生长机理，膜的表征手段和界面优化措施。

AI 大模型

当然，以下是锂离子电池中固体电解质界面（SEI）膜的专业解释，包括 SEI 膜的结构、生长机理、表征手段以及界面优化措施：

SEI 膜的结构和生长机理：

·结构：SEI 膜是一层复杂的、非均质的电化学生成膜，主要由无机化合物（如 LiF, Li_2CO_3, Li_2O）和有机化合物（如碳酸盐分解产物）组成。

·生长机理：SEI 膜在负极表面首次充电过程中由电解质分解形成。其生长是电解质在负极表面发生还原反应的结果，受电池操作条件（如温度、电流密度）和电解质组成的影响。

SEI 膜的表征手段：

·电化学方法：循环伏安法（CV）、电化学阻抗谱（EIS）用于研究 SEI 膜的电化学性质。

·光谱和显微镜方法：X 射线光电子能谱（XPS）、红外光谱（FTIR）、核磁共振（NMR）、透射电子显微镜（TEM）和扫描电子显微镜（SEM）用于分析 SEI 膜的化学组成和微观结构。

界面优化措施：

·电解质和添加剂：选择稳定的电解质系统和有效的添加剂（如乙烯碳酸酯、氟乙烯碳酸酯）来改善 SEI 膜的形成和稳定性。

·电极表面改性：通过电极表面涂层或掺杂来优化 SEI 膜的形成，增强其结构稳定性。

·工艺优化：通过优化电池制造工艺，如控制充电条件和电流密度，来减少不利于 SEI 膜形成的副反应。

这些优化措施有助于形成更均匀、更稳定的 SEI 膜，从而提高电池的循环稳定性和整体性能。

4.4　借助 AI 大模型掌握电解液关键工艺

完成装配工序后的锂离子电池还需经过注液、化成和老化 3 道工序，它们与电解液的性能息息相关。其中，化成工序尤为重要，其目的是让活性物质表面形成稳定的 SEI 膜。

1）注液

注液是将电解液注入经过真空干燥深度脱水的电池壳体内的过程。包括两个环节：一是电解液输送进电池内部，二是电解液浸润极片、隔膜、颗粒间空隙以及颗粒内部孔隙。极片需在电解液下完成浸润，若极片浸润不足，会导致化成不足，化成不均匀，甚至可能在封口后出现气胀。注液的基本操作是将电池注液孔与真空系统连接，利用抽真空设备使电池壳体内部形成负压，在负压作用下，电解液通过注液管进入电池内部。

接下来，让 AI 大模型补充介绍注液工序。

YOU

你是锂离子电池制造专家，请用专业语言介绍注液工序，要求涵盖注液工艺及其设备，注液注意事项及其优化措施。

AI 大模型

锂离子电池的注液工序是电池制造过程中的一个关键环节。以下是使用专业术语对注液工艺及其设备、注意事项以及优化措施的介绍：

注液工艺及其设备：

·**工艺描述**：注液工序涉及将电解质注入电池芯中。电解质是一种携带锂离子的介质，通常为有机溶剂和锂盐的混合物。

AI 大模型

· 设备特点：注液设备通常包括精密注射系统、真空预处理和封装设备。注液设备需要能够精确控制电解质的注入量，确保均匀分布，同时防止空气进入电池内部。

注液注意事项：

· 环境控制：注液过程应在无尘且干燥的环境中进行，以防止水分和杂质的污染。

· 注液量控制：注入的电解质量需要精确控制，过量或不足都会影响电池的性能和安全性。

· 温度管理：电解质的温度应在注入过程中保持恒定，避免温度波动引起的性能不稳定。

优化措施：

· 自动化控制：采用自动化注液系统可以提高精确度和重复性，减少人为错误。

· 真空预处理：在注液前对电池进行真空预处理，可以去除电池内部的空气和湿气，减少气泡的形成。

· 质量监测：引入在线质量监测系统，实时监控注液量、温度等关键参数，确保注液过程的稳定性和一致性。

注液工序的优化对提高锂离子电池的整体性能和可靠性至关重要。通过精细的工艺控制和设备改进，可以显著提升电池的性能和生产效率。

2）化成

化成是对注液后的电池进行充电的过程，包括预化成和化成两个阶段。预化成是指在注液后对电池进行小电流充电的过程。化成是在预化成后以相对较大的电流对电池进行充电的过程，此时气体生成量较少。

◇预化成

在电池预化成时，会产生气体，这些气体以微小气泡的形式附着在负极，随着气泡积累，电池内部压力逐渐增大，气体开始排出。接下来，让 AI 大模型补充介绍预化成。

YOU

你是锂离子电池制造专家，请用专业语言介绍预化成工序，要求涵盖预化成过程，预化成工艺原则、注意事项及其优化方法。

AI 大模型

作为一名锂离子电池制造专家，我很高兴介绍预化成（Pre-formation）工序，这是锂离子电池生产中的一个关键步骤。

预化成过程：

· 预化成是锂离子电池制造过程中的初步充电阶段，旨在激活电池并形成稳定的固体电解质界面（SEI）。在这个过程中，新制造的电池首次经历一个缓慢、控制的充电过程。这个过程的核心目的是在负极表面形成一层由电解液分解产物组成的薄膜，即 SEI 膜。这层膜是非常重要的，因为它能够稳定电池的化学性能，减少后续充放电过程中的电解质分解，并保护电池免受过度退化。

预化成工艺原则：

· 控制充电速率：预化成过程中的充电速率应较低，通常远低于电池的正常充电速率，以确保 SEI 膜的均匀形成。

· 控制充电容量：通常只充入电池额定容量的一小部分，足以促使 SEI 膜的形成，但不至于导致电池过热或其他应力。

· 温度管理：保持恒定的温度是关键，因为高温或低温都可能影响 SEI 膜的形成效果和质量。

注意事项：

· 避免过充：过度充电可能导致电池内部压力增加，甚至可能引发安全问题。

· 均匀性控制：确保每个电池单元在预化成过程中受到相同条件的影响，以保证电池组的一致性和可靠性。

AI 大模型

·环境控制：在洁净、干燥的环境下进行预化成，以减少污染和湿气对电池性能的影响。

优化方法：

·充电策略优化：通过实验确定最佳的充电速率和截止电压，以优化 SEI 膜的形成。

·环境条件优化：精确控制生产环境条件（如温度和湿度），以提高预化成质量。

·电解液配方改进：选择或开发能够促进更有效 SEI 膜形成的电解液配方。

·实时监控和反馈：使用高级传感技术和实时数据分析，以监控预化成过程，并根据需要进行调整。

总体而言，预化成工序是锂离子电池制造中的一个复杂且精细的过程，对提高电池的性能和寿命起着决定性的作用。通过优化预化成过程，可以显著提高电池的整体质量和可靠性。

◇化成

化成的目的是确保电解液在电池内充分发生化成反应，形成完整的 SEI 膜，特别是让预化成反应不足的区域，继续完成化成反应，使得极片各处的化成程度趋于一致。下面让 AI 大模型介绍化成工序分析与预化成的区别与联系。

YOU

你是锂离子电池制造专家，请接着用专业语言介绍化成工序，要求涵盖化成过程，化成工艺原则、注意事项及其优化方法，说明与预化成的区别和联系。

AI 大模型

锂离子电池的化成工序是电池制造过程的一个关键环节，紧随预化成工序之后。以下是使用专业术语对化成过程、工艺原则、注意事项及其优化方法的介绍，同时阐明其与预化成的区别和联系：

化成过程：

·化成是指在电池组装后的首次充放电过程，旨在进一步激活电池并优化其性能。

AI 大模型

· 这一过程通常包括多个充放电循环，以确保电池内部的各种材料充分反应，形成稳定的 SEI 膜，并使电极材料达到最佳的锂嵌入状态。

化成工艺原则：

· 控制充放电条件：在化成过程中，需要严格控制充放电速率、电压范围和循环次数，以确保电池性能的最优化。

· 温度控制：保持恒定的环境温度，防止过热或过冷，这对电池的化学反应和性能稳定性至关重要。

· 电池平衡：确保电池组中各单体电池的均匀化，以达到整体性能的一致性。

注意事项：

· 避免快速充放电：快速充放电可能导致电池内部材料的不均匀反应，影响电池性能和寿命。

· 监控电池参数：实时监控电池的电压、电流和温度，及时调整充放电策略。

· 防止过充和过放：严格控制电池的最大充电电压和最小放电电压，以防止电池损坏。

优化方法：

· 自动化控制：采用自动化设备和智能控制系统，以实现更精准的充放电管理。

· 数据驱动的优化：利用数据分析和机器学习技术对化成过程进行优化，提高电池的性能和一致性。

· 工艺参数调整：根据电池类型和性能要求，调整化成过程的参数，如充放电速率、温度和循环次数。

与预化成的区别和联系：

· 区别：预化成主要针对 SEI 层的初步形成，而化成则着重于电池性能的优化和电极材料的充分活化。

· 联系：这两个过程是相互衔接的，预化成为化成打下基础，而化成进一步完善电池的性能和稳定性。

综上所述，化成工序是确保锂离子电池达到最佳性能状态的关键步骤。通过精细的工艺控制和持续的技术优化，可以显著提高电池的性能和生产效率。

3）老化

老化是指将化成后的电池在一定温度下放置一段时间的过程，这个过程可分为室温老化和高温老化。老化的主要功能为促进气体吸收和化成程度均匀化，以确保完成化成反应。在老化过程中，由于缺陷电芯的电压下降速度比正常电池快，因此可以通过老化过程筛选出不合格电芯。此外，在封口化成过程中产生的微量气体在老化过程中被电解液吸收，这会减轻电池的气胀现象。下面借助 AI 大模型补充老化工序。

> **YOU**
>
> 你是锂离子电池制造专家，请接着用专业语言介绍老化工序，要求涵盖老化过程，老化工艺原则及设备、注意事项及其优化方法，说明与化成的区别和联系。

> **AI 大模型**
>
> 锂离子电池的老化工序是电池制造过程中的一个重要环节，主要目的是模拟长期使用后电池的性能变化。以下是使用专业术语对老化过程、工艺原则及设备、注意事项及其优化方法的介绍，同时阐明其与化成的区别和联系：
>
> **老化过程：**
> - 老化工序通常在电池制造的最后阶段进行，目的是通过模拟长期使用条件来预测电池的性能退化。
> - 这一过程可能包括在特定温度和电压下对电池进行长时间的充放电循环，以诱发电池老化机制，如容量衰减和内阻增加。
>
> **老化工艺原则及设备：**
> - 工艺原则：老化工艺需要精确控制温度、电压和充放电循环的条件，以确保结果的可靠性和重复性。
> - 设备特点：老化测试设备通常具备温度控制系统、电压和电流监控设备，以及数据记录功能。
>
> **注意事项：**
> - 环境控制：维持恒定且适宜的环境温度，以确保测试条件的一致性。

AI 大模型

- 电池监控：实时监测电池的电压、电流和温度，确保不超过安全阈值。
- 数据分析：对老化过程中收集的数据进行分析，以准确评估电池的老化程度和性能变化。

优化方法：

- 自动化测试：采用自动化测试系统，以提高测试效率和精度。
- 参数优化：根据电池类型和应用需求，优化老化测试的参数设置，如温度、电压和循环次数。
- 数据驱动的决策：利用数据分析和机器学习技术优化老化测试流程，预测电池的寿命和性能退化。

与化成的区别和联系：

- 区别：化成工序主要关注电池的初始激活和性能优化，而老化工序则模拟电池长期使用后的性能退化。
- 联系：老化工序基于化成后的电池性能，进一步评估电池的长期稳定性和可靠性。

老化工序对于预测锂离子电池的长期性能和可靠性至关重要，通过科学的测试方法和数据分析，可以更准确地评估电池的使用寿命和维护需求。

4.5 小结

　　本章借助 AI 大模型介绍了锂离子电池电解液的性质、界面问题以及关键工艺。虽然所涉及的内容仅为电解液领域的冰山一角，但读者可以将本章提到的技术要点视为通向知识森林的指引路牌，带着好奇心和 AI 大模型工具，踏入迷雾笼罩的森林，探索未知的奥秘。

　　在 AI 大模型使用技巧方面，本章不仅深化应用了 AI 大模型的信息搜索和文献归纳能力，而且发挥 AI 大模型的优势，与当下较为流行的"小红书体"相结合，将抽象的理论知识转化为生动形象的科普知识。此外，AI 大模型的仿写能力令人赞叹，借助该能力，我们仿照李白的诗句，快速创作了一首关于电解液的科普短诗，风趣幽默，对仗工整。

参考文献

［1］ORTNER T S. A granular look at solid electrolyte interfaces in lithium-ion batteries[J]. Communications Chemistry, 2021, 4(1)：79.

［2］庄全超，武山，刘文元，等.锂离子电池有机电解液研究 [J].电化学.2001，7(4)：403–412.

［3］倪江锋，周恒辉，陈继涛，等.锂离子电池中固体电解质界面膜 (SEI) 研究进展 [J].化学进展，2004,16(3)：335–342.

［4］陈人杰，赵桃林.离子液体电解质 [M].北京：科学出版社，2023.

［5］杨绍斌，梁正.锂离子电池制造工艺原理与应用 [M].北京：化学工业出版社，2020.

[6] YAMADA Y, WANG J H, KO S,et al. Advances and issues in developing salt-concentrated battery electrolytes[J]. Nature Energy, 2019, 4：269-280.

[7] 郝少春，黄玉琳，易华挥 .ChatGPT 原理与应用开发 [M] . 北京：人民邮电出版社，2024.

[8] NAYAK P K, ERICKSON E M, SCHIPPER F, et al. Review on challenges and recent advances in the electrochemical performance of high capacity Li-and Mn-rich cathode materials for Li-ion batteries[J]. Advanced Energy Materials, 2018, 8(8)：1702397.

第 5 章

借助 AI 大模型解构锂离子电池系统

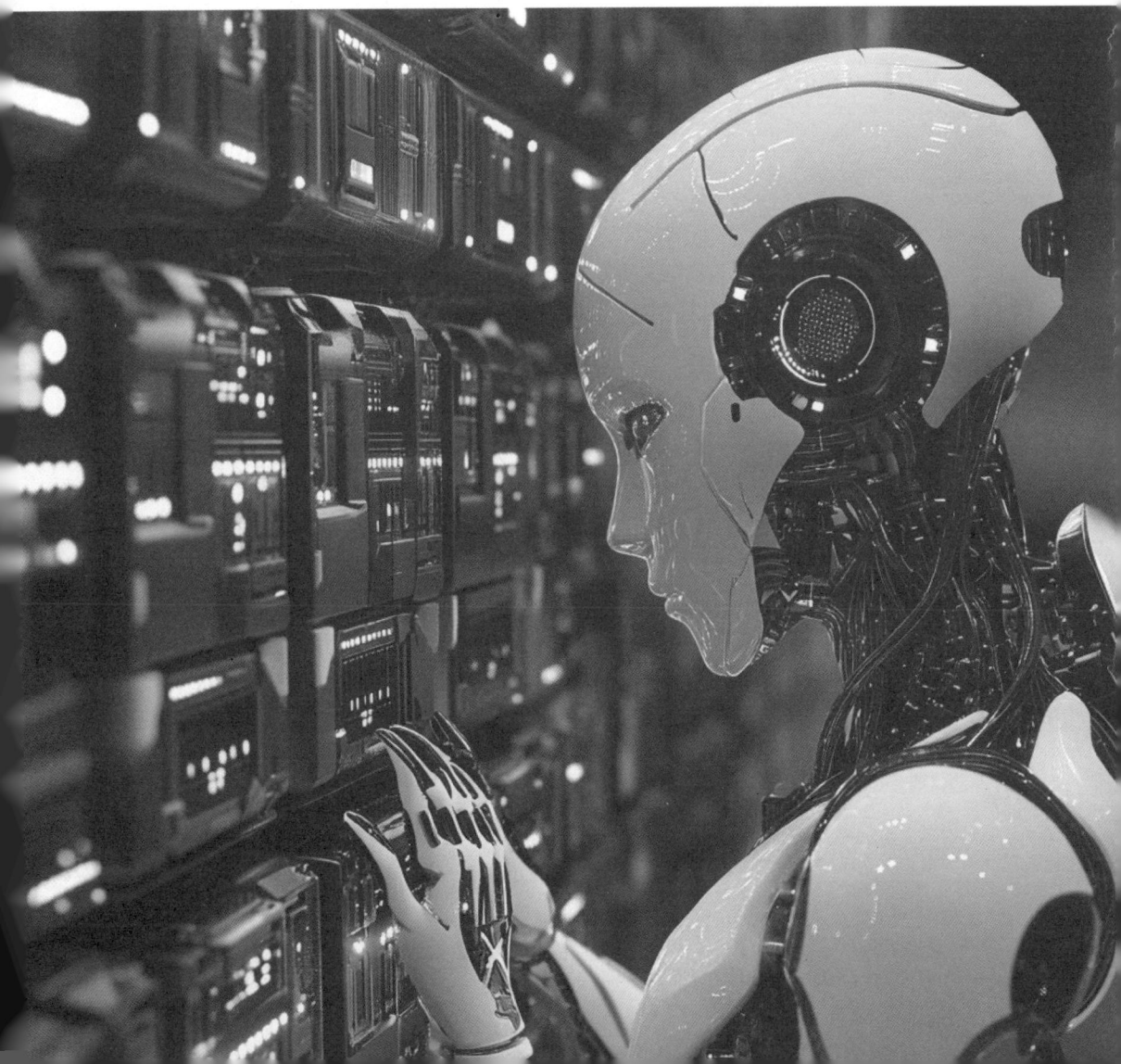

5.1 概述

随着大规模储能技术和电动汽车的快速发展，电池系统成为储能电站和电动汽车运行的关键。通常，电池系统由电芯、电池管理系统（Battery Management System，BMS）、热管理系统构成。但由于使用场景差异，电池系统的侧重点和规模有所不同。面向储能场景，电化学储能电站主要包括储能系统、功率变换系统、后台监控系统、站用电系统、高压配电系统。其中，储能系统由储能电池以及与之对应的电池管理系统组成，并放置在电池舱内，如图5.1（a）所示。一个电池舱通常含有2个电池堆和电池管理系统。电池堆由若干电池簇并联而成，电池簇由若干电池模组串联组成，电池模组由若干单体电芯串并联构成。

（a）电池舱 　　　　　　　　　（b）电池包

图 5.1　某储能电站电池舱和电池包

　　电动汽车的电池系统由电芯、电池模块、电池包组成。电池模块由多个电芯以串联或并联的方式构成，再将多个电池模块串联起来组成电池包。为了安全有效地管理众多电芯，电池包集成了热管理系统和电池管理系统部件，如图 5.1（b）所示。

　　接下来，借助 AI 大模型介绍模组的主要性能指标。

YOU 你是锂离子电池专家，请梳理电池模组的性能指标，并给出参考范围。

AI 大模型 作为一名锂离子电池专家，我可以帮您梳理电池模组的主要性能指标及其参考范围。锂离子电池模组是多个电池单体组合而成的单元，其性能指标对于电池的应用和性能至关重要。以下是一些关键的性能指标及其参考范围：

能量密度：衡量单位质量或体积内电池能储存多少能量。通常用瓦时／千克（W·h/kg）或瓦时／升（W·h/L）表示。对于现代的锂离子电池模组，能量密度通常在 150~250 W·h/kg 或 250~700 W·h/L。

功率密度：指电池能以多快的速度释放能量，常用瓦／千克（W/kg）表示。锂离子电池模组的功率密度通常在 300~1 500 W/kg，这取决于电池设计和用途。

循环寿命：电池在性能下降到初始容量的 80% 时可以进行的充放电次数。高品质的锂离子电池模组循环寿命通常在 500 次以上。

自放电率：电池在不使用时自然损耗电量的速率。高品质的锂离子电池模组自放电率通常每月少于 2%。

充电时间：电池从完全放电到完全充电所需的时间。这取决于电池的容量和充电技术，但通常在 1~4 h。

温度范围：电池可以正常工作的温度区间。对于大多数锂离子电池模组，这个范围通常为 −20~60 ℃。

安全性能：包括热稳定性和过充电保护。锂离子电池应能抵抗高温和机械损伤而不会引起火灾或爆炸。

效率：充电和放电过程中能量转换的有效性。高效的锂离子电池模组典型的效率在 90% 以上。

这些性能指标可以根据具体应用和电池技术的不同而有所不同。电池制造商和研究机构在设计和评估电池模组时会重点考虑这些指标。

5.2　借助 AI 大模型了解电池组一致性

电池的一致性是指多个电池单体或模块在电化学性能、物理特性以及运行特性上的相似性程度。在各类电池系统中，不管是电池包还是电池簇，我们都希望单体电芯有着相同的表现。但原材料的不均匀及生产过程的工艺偏差，都会使电池极片厚度、活性物质的活化程度、正负极片的微孔率等存在微小差别。即使是同批次投料产出的电池，电芯在质量、容量、内阻等参数方面不可能完全一致。为了确保电芯的相同表现，锂离子电池制造过程中的一个关键工艺就是分容，其目的是确保电池组中的每个电芯在容量、电压和内阻等关键参数上具有一致性。

电池组一致性主要关注非工作状态和工作状态的电能差异，评价维度如下：

- 容量一致性。电池容量是指电池在满充条件下恒流放出的电量，即最大可用容量。若要评价电池容量的一致性，则需保证在相同的外部条件下进行充放电测试。

- 内阻一致性。电池内阻包括欧姆内阻和极化内阻两部分。欧姆内阻由电极材料、电解液、隔膜电阻和各零件的接触电阻共同作用产生；极化内阻是电化学反应中由于电化学极化和浓差极化等产生的电阻。

- 自放电率一致性。自放电是电池在存储一段时间后容量自然损失，开路电压下降的一种现象。

- 荷电状态一致性。电池的状态主要是指电池的工作点，也就是电池的荷电状态和端电压关系，荷电状态是决定电池寿命的主要因素之一。

筛选规则是通过测试上述电性能，将测定值在设计值附近波动，且波动范围满足要求的单体电池匹配进同一模组。筛选方法主要有以下几种：

· 静态容量匹配法。对相同充放电条件下不同放电容量的匹配程度进行筛选。

· 内阻匹配法。根据锂离子电池的内阻进行筛选。内阻可以实时测量，筛选简单，但内阻筛选受制于测量精度。

· 电压匹配法。根据锂离子电池空载电压和动态电压进行筛选。

· 动态特性匹配法。动态特性匹配法是模拟电池组的实际工作条件，根据充放电曲线进行筛选。电池动态特性曲线是锂离子电池在充放电过程中端电压随时间和电流的变化曲线，它不仅体现了电池端电压随时间的变化，还体现了充放电过程中容量、充放电电压平台、电池内阻和极化情况等电池的大部分性能特征。

读者可以根据上述信息，利用 AI 大模型进行进一步探索。

为了筛选出一致性好的单体电池，生产厂家会采用多种性能综合筛选的方法，如结合电池容量、内阻和电压来进行分选。当然，生产厂家也会考虑综合成本，一味提高筛选标准会导致电池废品率升高，进而增加生产成本。有必要指出的是，一致性筛选指标会根据电池的使用场景动态改变。例如，为了满足续航里程和较长寿命的要求，容量型动力电池对电池容量和电压一致性要求较高；而对于功率型动力电池，则更注重电压和内阻的一致性，对容量一致性要求相对较低。

5.3　借助 AI 大模型学习电池系统安全性

锂离子电池的正负极材料体系热值高，加上有机电解液的沸点低、易燃。当发生热失控时，单体电芯短时间温度激增，同时产生大量易燃气体，若没有妥善处置，很快将蔓延至其他电芯，最终导致储能系统起火，甚至爆炸。据不完全统计，过去 5 年，全球发生储能安全事故超过 70 起，造成了严重的经济损失和不良的社会影响。储能系统的安全问题因此受到社会的高度关注，已成为储能行业发展的瓶颈。

YOU

你是锂离子电池专家，请介绍锂离子电池系统安全性瓶颈，用途为学术报告。

AI 大模型

作为锂离子电池系统的安全性瓶颈专家，我可以提供一份详细的分析，这对于撰写学术报告非常有帮助。锂离子电池由于其优异的性能被广泛应用于各种领域，但其安全性仍存在一些关键瓶颈。

1. 锂离子电池的安全性挑战

热失控：

- 描述：电池内部温度急剧升高，可能导致电池结构损坏、化学物质泄漏，甚至发生火灾或爆炸。
- 原因：过充、过热、内部短路、物理损伤等。

内部短路：

- 描述：电池内部的阳极和阴极接触，导致电流急剧增加。
- 原因：制造缺陷、电池老化、机械损伤等。

锂枝晶形成：

- 描述：在充放电过程中，锂金属可能在电极上不均匀沉积，形成锂枝晶。
- 风险：锂枝晶穿透隔膜，导致内部短路。

电解液不稳定：

- 描述：电解液在高温或与电极反应时可能分解。

AI 大模型

· 后果：产生可燃气体，增加爆炸风险。

过充与过放：

· 描述：电池超出其规定的电压范围工作。

· 后果：损伤电池结构，降低性能，甚至引发安全事故。

2. 安全性瓶颈

高能量密度与安全性的平衡：

· 电池寻求更高的能量密度来满足性能需求，但这往往会牺牲安全性。

电池管理系统（BMS）的限制：

· 现有的 BMS 可能无法实时准确地监测和预测所有安全风险。

材料的局限性：

· 当前电池所用材料（如电解液和隔膜）在极端条件下可能无法提供足够的安全保障。

制造缺陷与质量控制：

· 在生产过程中保持一致的高质量标准是一个挑战，尤其是在规模化生产时。

环境与使用条件的影响：

· 温度、机械冲击、电压波动等外部因素可能导致电池性能下降，增加安全风险。

3. 结论与未来方向

· 尽管锂离子电池在许多应用中显示出卓越的性能，但它们的安全性仍然面临重大挑战。研究人员和工程师正在努力通过改进电池设计、开发更稳定的材料、提升生产过程的质量控制以及优化电池管理系统来解决这些安全性瓶颈。此外，固态电池和其他新型电池技术的发展可能为解决这些安全问题提供了新的可能性。

这份分析可以作为学术报告中对锂离子电池安全性瓶颈的详细讨论部分，为读者提供深入的理解和未来的研究方向。

正如 AI 大模型所说，尽管锂离子电池在许多应用中显示出卓越的性能，但它的安全性仍然面临挑战。该领域也是目前各国科学家、研究人员和工程师研究的热点。

5.4　借助 AI 大模型解构电池管理系统

电池管理系统是指通过检测模组中所有单体电芯的状态评估系统性能，并根据系统需求控制单体电池的供电回路，是一种对电池进行管理和控制的产品或技术，某电动汽车的电池管理系统外形如图 5.2 所示。相比于其他化学电池，锂离子电池对过充、过放等电池滥用情况的容忍度较低，容易出现电压不均衡的问题。因此，对锂离子储能系统而言，电池管理系统至关重要。

图 5.2　某电动汽车电池管理系统

1）功能架构

电池管理系统通常由保护模块、均衡模块和热管理模块组成。由于面向的对象不同，电池管理系统的架构也会有所差异。以储能电站为例，电池管理系统由电池管理单元、电池簇管理单元和电池阵列管理单元三部分组成。

电池管理单元负责电池模组管理，包括采集各电芯电压、温度等信息，实现均衡处理、信息上传、热管理等功能。电池簇管理单元负责管理电池簇中的所有电池管理单元，并具备电池簇的电流采集、总电压采集、绝缘电阻检测、荷电状态估算等功能，一旦电池组状态异常，电池簇管理单元将断开高压直流接触器，让电池簇快速退出工作状态。电池阵列管理单元对电池簇管理单元和电池管理单元的数据进行存储和分析，并与电力变换系统（PCS）和监控后台进行信息通信。监控后台基于电池阵列管理单元上传的状态信息管理电池组的充放电。

通常来说，电池管理系统包括如下功能：

· 信号测量。

· 电池管理。

· 电池状态评估。

· 电池通信。

· 记录。

2）信号测量

常规的电池管理系统测量信号有单体电池电压、电流、温度。请 AI 大模型梳理电池管理系统测量信号。

YOU	你是锂离子电池管理系统专家，请详细梳理电池管理系统测量量，要求介绍测量传感器、测量方法、技术参数、重要参数范围参考。
AI 大模型	作为锂离子电池管理系统（BMS）的专家，我将详细梳理 BMS 的关键测量量，包括测量传感器、测量方法、技术参数以及重要参数范围参考：

AI 大模型

电池单体电压测量：

· 测量传感器：高精度模拟－数字转换器（ADC）。

· 测量方法：直接测量每个单体电池的电压。

· 技术参数：通常要求分辨率在毫伏级别。

· 参数范围：一般为 2.5~4.2 V。

总电压测量：

· 测量传感器：ADC 结合电压分压器。

· 测量方法：测量整个电池包的总电压。

· 技术参数：需要处理较高的电压值。

· 参数范围：取决于电池组的配置。

电流测量：

· 测量传感器：霍尔效应传感器或电流互感器。

· 测量方法：测量电池放电和充电电流。

· 技术参数：须有高灵敏度和快速响应。

· 参数范围：从几毫安到几百安不等。

温度测量：

· 测量传感器：热敏电阻（NTC）或半导体温度传感器。

· 测量方法：测量电池单体或电池组的温度。

· 技术参数：精度至少需达到 ±1 ℃。

· 参数范围：−20~60 ℃。

荷电状态（SOC）估算：

· 测量方法：基于电压、电流和温度的综合算法。

· 技术参数：算法应能适应不同的电池类型和使用条件。

· 参数范围：0%~100%。

健康状态（SOH）估算：

· 测量方法：基于充放电循环次数、电池容量衰减等数据。

· 技术参数：涉及电池老化模型和历史数据分析。

· 参数范围：以百分比表示，相对于电池的初始容量。

内阻测量：

· 测量方法：通过阻抗谱分析或直接电压和电流测试。

· 技术参数：准确测量电池内阻的变化。

> **AI 大模型**
> ·参数范围：几毫欧到几十毫欧。
> 这些测量量是 BMS 核心功能的一部分，对于确保电池的安全、高效和可靠性至关重要。每个测量量的选择和设计都需要考虑特定的应用需求和电池类型。通过对这些关键参数的精确控制和监测，BMS 能够优化电池的性能，延长其寿命，并防止潜在的安全风险。

3）管理功能

电池管理系统的管理功能由保护、热管理和均衡功能组成。

◇保护功能

保护功能模块通过中断电流、发出中断请求（开关控制）或减小电流（模拟电流限制）的手段保证单体电池在安全区域（SOA）工作。

> **YOU**
> 你是锂离子电池管理系统专家，请梳理锂离子电池保护功能，要求给出保护原理、实施方法、应用效果。

> **AI 大模型**
> 锂离子电池管理系统（BMS）的核心目标是确保电池的安全、可靠运行和延长其使用寿命。锂离子电池的保护功能主要集中在以下几个方面：
>
> **过充电保护（Overcharge Protection）：**
> ·保护原理：防止电池电压超过其最大允许值。过充电会导致电池内部压力增大，可能引发热失控和电池损坏。
> ·实施方法：BMS 监测每个电池单元的电压，一旦电压超过预设的上限值，BMS 会切断充电电路或减少充电电流。
> ·应用效果：有效避免电池损坏和潜在的安全风险，延长电池寿命。
>
> **过放电保护（Overdischarge Protection）：**
> ·保护原理：防止电池电压低于其最小允许值。过放电会导致电池容量永久损失和内部结构损坏。

AI 大模型

- 实施方法：BMS 会监测电池的放电电压，一旦低于设定阈值，将切断负载或警告用户。
- 应用效果：防止电池过度放电，保护电池健康，延长寿命。

过热保护（Overtemperature Protection）：

- 保护原理：电池在高温下运行会加速老化，极端情况下可能会导致热失控。
- 实施方法：BMS 通过温度传感器监测电池温度。若温度超过安全范围，BMS 会降低充放电速率或暂停充放电。
- 应用效果：有效控制电池温度，防止过热，提高安全性。

短路保护（Short Circuit Protection）：

- 保护原理：防止电池短路导致的高电流流动，可能会引起电池损坏甚至着火。
- 实施方法：BMS 检测到短路时会立即切断电池输出，防止高电流流动。
- 应用效果：快速响应以防止电池损坏和潜在的火灾风险。

◇热管理

锂离子单体电池的正常温度范围为 –20~60 ℃，十分有必要对电池组进行热管理。

YOU

你是锂离子电池管理系统专家，请介绍锂离子电池热管理，要求给出原理、实施方法、预期目标。

AI 大模型

锂离子电池热管理是确保电池安全性和效率的关键方面，特别是在高功率应用（如电动车辆和大型储能系统）中。以下是锂离子电池热管理的基本原理、实施方法和预期目标。

1. 原理

热生成：电池在充放电过程中会产生热量，主要由内部阻抗和化学反应造成。

🔵 **AI 大模型**　**热积累**: 若热量无法有效散发，会导致电池温度上升，可能引起性能下降、寿命缩短甚至安全风险（如热失控）。

2. 实施方法

被动冷却：

·**材料散热**：使用热导率高的材料（如金属板）导出热量。

·**空气冷却**：利用自然空气流动或风扇强制空气流过电池，带走热量。

主动冷却：

·**液体冷却系统**：通过电池模组流动的冷却液（如水－乙二醇混合物）吸收热量。

·**热泵系统**：使用制冷循环，高效地移除或分配热量。

热隔离和分散：

·**隔热材料**：防止电池组内部热量互相影响。

·**热分散设计**：确保热量均匀分布，避免局部过热。

3. 预期目标

维持最佳工作温度：保持电池在最佳温度范围内工作（通常为 20~40 ℃），以确保最佳性能和效率。

防止过热和热失控：通过有效的热管理，防止电池过热和潜在的热失控事件，提高安全性。

延长电池寿命：避免温度过高或过低导致的电池损害，延长电池使用寿命。

提高能量密度和功率密度：适当的温度控制可以提高电池的能量密度和功率密度，从而提升电池性能。

◇ 电池均衡

电池均衡是指当电池单元间的电压会出现不均衡时，对单个电池进行单独充放电，使其电压与整套电池组电池保持均衡的过程，均衡过程通过均衡器实现，其外观如图 5.3 所示。均衡器的核心是控制算法，算法通过通信线控制充电电源和放电负载，达到电压的平衡。

图 5.3 均衡器外观图

下面请 AI 大模型梳理均衡算法。

YOU

你是锂离子电池管理系统专家，请梳理电池均衡算法，要求介绍实现方式，算法原理，特点，适用场景。

AI 大模型

电池均衡算法是电池管理系统（BMS）中的关键组成部分，用于确保电池组中各单体电池的电压和状态保持一致。下面是几种常见的电池均衡算法的实现方式、原理、特点和适用场景：

1. 被动均衡算法

实现方式：通过并联电阻放电，消耗掉电压较高的单体电池中的额外电能。

算法原理：当电池单元电压超过设定阈值时，通过电阻放电来降低其电压。

特点：

· 结构简单，成本低。

· 效率较低，因为多余能量以热的形式损失。

适用场景：适用于小型或成本敏感的应用，如小型便携设备。

2. 主动均衡算法

实现方式：通过电子电路（如开关电源）将能量从电压较高的电池单元转移至电压较低的电池单元。

算法原理：监测各单体电池电压，并动态调整电能传输以实现电压均衡。

AI 大模型

特点：

·提高能量利用效率，减少能量浪费。

·相对复杂，成本更高。

适用场景：适用于对性能和寿命要求较高的应用，如电动汽车和大型储能系统。

3. 单向主动均衡算法

实现方式：仅允许能量从电压较高的电池单元流向电压较低的电池单元。

算法原理：与双向主动均衡类似，但能量只在一个方向上流动。

特点：

·简单与双向均衡算法。

·效率高于被动均衡但低于双向主动均衡。

适用场景：适用于中等规模的能量存储和电动交通工具。

4. 双向主动均衡算法

实现方式：允许能量在电池单元间双向流动。

算法原理：根据电池单元的电压差异，动态调整能量流向。

特点：

·最大化能量利用率。

·结构和控制逻辑复杂，成本高。

适用场景：适用于高端应用，如高性能电动汽车和先进能量存储系统。

5. 自适应均衡算法

实现方式：根据电池的实际工作条件（如电压、温度、老化状态）调整均衡策略。

算法原理：利用高级算法和传感器数据，实时调整均衡策略以适应电池状态的变化。

特点：

·高度灵活和自适应。

·控制算法复杂，实施成本高。

适用场景：适用于对电池状态监控和管理要求极高的系统，如航空航天和特种军事设备。

在规定的电压下，均衡器的故障类型包括过度放电、均衡不足和错误均衡，通常切断辅助硬件是一种可靠的保护措施。

4）电池状态评估

◇荷电状态估计

电池荷电状态（State of Charge，SOC）是指电池使用一段时间或长期搁置后的剩余容量与其完全充电状态容量的比值。荷电状态是一个相对比值，并不代表电池内部剩余的有效能量。如果电池的电压曲线陡峭，始端电压值比末端电压高，意味着始端能量比末端能量多。在这种情况下，我们需要估计能量状态（SOE），即 $E(\text{SOC}, I_d) = \int \text{SOC} \cdot C \cdot V(\text{SOC}, I_d)\,d\text{SOC}$。

请 AI 大模型梳理荷电状态的估计方法。

YOU　你是锂离子电池管理系统专家，请梳理电池荷电状态估计方法，要求给出计算公式、算法原理、特点、适用场景。

AI 大模型　锂离子电池荷电状态（State of Charge, SOC）估计是电池管理系统（BMS）的核心功能之一。准确的 SOC 估计对于确保电池安全、最大化使用寿命和维护电池性能至关重要。以下是几种常见的 SOC 估计方法：

开路电压法（Open Circuit Voltage, OCV）：

· 计算公式：$\text{SOC} = f(\text{OCV})$

· 原理：根据电池的开路电压和预定的电压-SOC 曲线关系估计 SOC。

· 特点：简单，成本低，但需要电池静置一段时间来稳定电压。

· 适用场景：适用于不需要实时 SOC 数据的场景，如低速电动车辆和储能系统。

安时积分法（Coulomb Counting）

· 计算公式：SOC=SOC_initial+（I_charge−I_discharge）/ C_nominal × Δt

· 原理：通过积分电池的充放电电流随时间的变化来估计 SOC。

AI 大模型

· 特点：能提供较为实时的 SOC 信息，但容易积累误差。

· 适用场景：适用于需要实时 SOC 数据的应用，如电动汽车。

卡尔曼滤波法（Kalman Filtering）

· 计算公式：复杂的数学模型，涉及状态估计和误差修正。

· 原理：通过动态系统模型和统计方法综合估计 SOC。

· 特点：准确度高，适应性强，但计算复杂，需要精确的电池模型。

· 适用场景：高端应用，如高性能电动汽车和航空航天。

混合估计方法

· 原理：结合多种方法（如 OCV 和安时积分法）来提高估计准确度。

· 特点：平衡了准确度和计算复杂性。

· 适用场景：广泛应用于各类电池管理系统。

总的来说，每种 SOC 估计方法都有其优缺点，适合不同的应用场景。在实际应用中，通常会根据电池类型、应用需求和成本考虑来选择合适的 SOC 估计方法。

其中，安时积分法也称库仑计数，是非常简便的荷电状态计算方法，常用于电动汽车和不间断电源系统中。但仅通过安培积分法估算的结果难以满足要求，需要在特定的事件或时间点加以修正。例如，当充电电流逐渐变弱时，SOC 可以重置为 100%。下面请 AI 大模型用一个案例介绍 SOC 修正方法。

YOU

你是锂离子电池管理系统专家，请用一个案例介绍 SOC 修正方法，要求提供数据。

AI 大模型

由于目前的功能限制，我无法提供具体的现实世界案例和精确数据。然而，我可以描述一个假设情景，来说明在涉及锂离子电池管理系统的实际情况中，如何应用 SOC 修正方法：

AI 大模型

1. 场景：电动车辆电池管理

初始条件：一辆装有锂离子电池组的电动汽车最初使用库仑计数法估计 SOC。经过几次充放电周期后，由于温度变化、电池单元不平衡和老化等因素，SOC 估计开始出现差异。

数据收集：BMS 持续收集电池电压、电流和温度数据。

2. 应用卡尔曼滤波器进行 SOC 修正

预测阶段：卡尔曼滤波器基于电池模型和之前的状态预测 SOC 的下一个状态。

更新阶段：当有新的测量数据（电压、电流、温度）时，滤波器更新其预测值以修正 SOC 估计。

数据示例：初始 SOC 估计为 60%

电压测量：3.7 V

电流测量：–5 A（放电中）

温度：25 ℃

修正后的 SOC（应用卡尔曼滤波后）：58%

结果：这种方法使得 SOC 读数更加准确，从而导致更好的电池使用优化、提高安全性，潜在地延长电池寿命。这个例子用于说明在实际应用中应用像卡尔曼滤波这样的 SOC 修正方法的一般过程和好处。在真实场景中，具体情况将取决于电池的确切特性和使用条件。

除上述 AI 大模型介绍的方法，基于数学模型的 SOC 估算方法还有很多，包括但不限于神经网络预测法、模糊集法等，这些方法实质是采用电池的工作电压、电流和温度作为输入量，SOC 作为输出量，通过对输入和输出样本进行模型拟合来估算电池 SOC。

◇ 电池健康状态估计

随着电池使用时间的增加，电池健康状态会不可避免地下降，表现形式包括容量衰减、循环寿命短、易自放电、电压异常、内阻增大、锂/钠析出、过渡金属析出、产气、漏液、内部短路、膨胀变形及热失控等，这些问题会导致电池的使用性能、一致性、可靠性与安全性降低。因此，对电池健康状态（state of health, SOH）进行监测与评估意义重大，这不仅可以及时更换异常电池，清除安全隐患，而且能保障电池高效运行。

电池健康状态是指在某一条件下电池可放出容量与新电池额定容量的比值，公式如下：

$$SOH = \frac{Q_{now}}{Q_{new}} \times 100\% \qquad (5.1)$$

式中，Q_{now} 表示电池当前可以释放的最大容量；Q_{new} 表示新电池的额定容量。

常用的电池健康状态估计方法有：容量衰减法、内阻增加法、循环次数法、数据驱动法和综合评估法。这些方法仍适用场景不同，例如，针对小电流充放电环境，增量容量分析（ICA）和差分电压分析（DVA）可通过计算 ICA 或 DVA 曲线中的特征峰估计 SOH；针对高精度需求的场景，基于电化学模型可对电池内部微观化学反应进行建模，但该方法需要强大的计算能力做支撑，对硬件设备的要求高，工程应用范围窄。

5）电池通信

电池通信是指电池管理系统与单体电池和外部系统之间进行信息传输和交换。常见的通信技术包括 I2C/SPI、RS-485、局域互联网、CAN、Ethernet、Modbus 和 FlexRay 等。下面借助 AI 大模型提供相关信息。

YOU

你是锂离子电池管理系统专家，请用专业的语言介绍电池管理系统的通信协议，要求覆盖 I2C/SPI、RS–485、局域互联网、CAN、Ethernet、Modbus 和 FlexRay。

AI 大模型

电池管理系统（BMS）通信协议的选择在很大程度上取决于系统的特定需求、通信距离、数据传输速率以及与其他设备的集成。以下是常见的通信协议及其在 BMS 中的应用：

I2C（Inter–Integrated Circuit）/SPI（Serial Peripheral Interface）：

·技术细节：I2C 和 SPI 是两种常见的串行通信协议，通常用于短距离、低速率的通信。在 BMS 中，它们常用于连接 BMS 主控制器与传感器、监测单元或温度探头等低功耗设备，以实现数据采集和控制指令传输。

·主要特点：适用于短距离通信、简单易用、低功耗。

RS–485:

·技术细节：RS–485 是一种差分信号的串行通信协议，常用于中距离通信和多节点网络。在 BMS 中，RS–485 通常用于连接电池模组、监测单元和控制器，以实现数据传输和控制指令的交换。

·主要特点：适用于中距离通信、抗干扰能力强、支持多节点网络。

局域互联网（LAN）：

·技术细节：局域网是一种用于连接位于同一地理区域内的设备的网络。在 BMS 中，局域互联网通常通过以太网（Ethernet）技术实现，用于连接 BMS 主控制器与上位机或远程监控系统，以实现实时数据传输和远程控制。

·主要特点：高带宽、广域网络支持、可靠稳定。

CAN（Controller Area Network）：

·技术细节：CAN 是一种高速串行通信协议，常用于汽车、工业控制等领域。在 BMS 中，CAN 通常用于连接电池模组、监测单元和控制器，实现数据传输和控制指令的交换。

·主要特点：高速通信、抗干扰能力强、多节点通信、实时性好。

Ethernet:

·技术细节：Ethernet 是一种基于以太网的通信协议，用于连接设备并

AI 大模型

在网络上进行数据传输。在 BMS 中，Ethernet 通常用于连接 BMS 主控制器与上位机、远程监控系统或云平台，实现实时数据传输、远程监控和远程控制。

· 主要特点：高带宽、广域网络支持、可靠稳定。

Modbus：

· 技术细节：Modbus 是一种串行通信协议，支持简单、高效的数据传输。在 BMS 中，Modbus 通常用于连接 BMS 主控制器与其他设备或系统，实现数据传输、控制指令的交换以及远程监控。

· 主要特点：简单易用、开放标准、支持多种传输介质。

FlexRay：

· 技术细节：FlexRay 是一种高速串行通信协议，专门用于汽车电子领域的实时数据传输。在 BMS 中，FlexRay 通常用于连接高速传感器和控制器，以实现对电池系统的高速数据采集和实时控制。

· 主要特点：高速通信、实时性好、适用于复杂控制场景。

这些通信协议在 BMS 中扮演着不同的角色，可以根据具体的应用场景和系统需求进行选择和配置，以实现最佳的通信性能和系统集成。

5.5　小结

本章在分析锂离子电池系统一致性和安全性的基础上，解构了电池管理系统的功能构架、信号测量、管理功能、电池状态评估、电池通信。随着电池材料技术的不断发展，锂离子电池系统也不断地迭代更新，本质上，这一迭代更新过程是不断适应电池材料发展的过程，目的是提升单体电池的安全性，并最大限度发挥每个单体电池的能力。进一步地，从材料—极片—单体电池—模组角度，电池管理系统的信号测量和状态评估等功能的设置，是为了确保微观锂离子嵌入 / 嵌出反应能安全、稳定、持续地进行。

参考文献

［1］许铀，魏亮亮，刘鲁新，等. 电池管理系统 (BMS) 设计与制造技术 [M]. 北京：机械工业出版社，2023.

［2］姜久春. 电池管理系统的概况和发展趋势 [J]. 新材料产业，2007(8)：40–43.

［3］南金瑞，孙逢春，王建群. 纯电动汽车电池管理系统的设计及应用 [J]. 清华大学学报 (自然科学版)，2007，47(S2)：1831–1834.

［4］刘大同，周建宝，郭力萌，等. 锂离子电池健康评估和寿命预测综述 [J]. 仪器仪表学报，2015，36(1)：1–16.

［5］熊瑞. 动力电池管理系统核心算法 [M]. 北京：机械工业出版社，2021.

［6］斯蒂芬·沃尔弗拉姆. 这就是 ChatGPT[M]. WOLFRAM 传媒汉化小组，译. 北京：人民邮电出版社，2023.

实践：

AI 大模型
在锂离子电池模组热失控蔓延实验中的应用

第 6 章

借助 AI 大模型快速形成实验方案

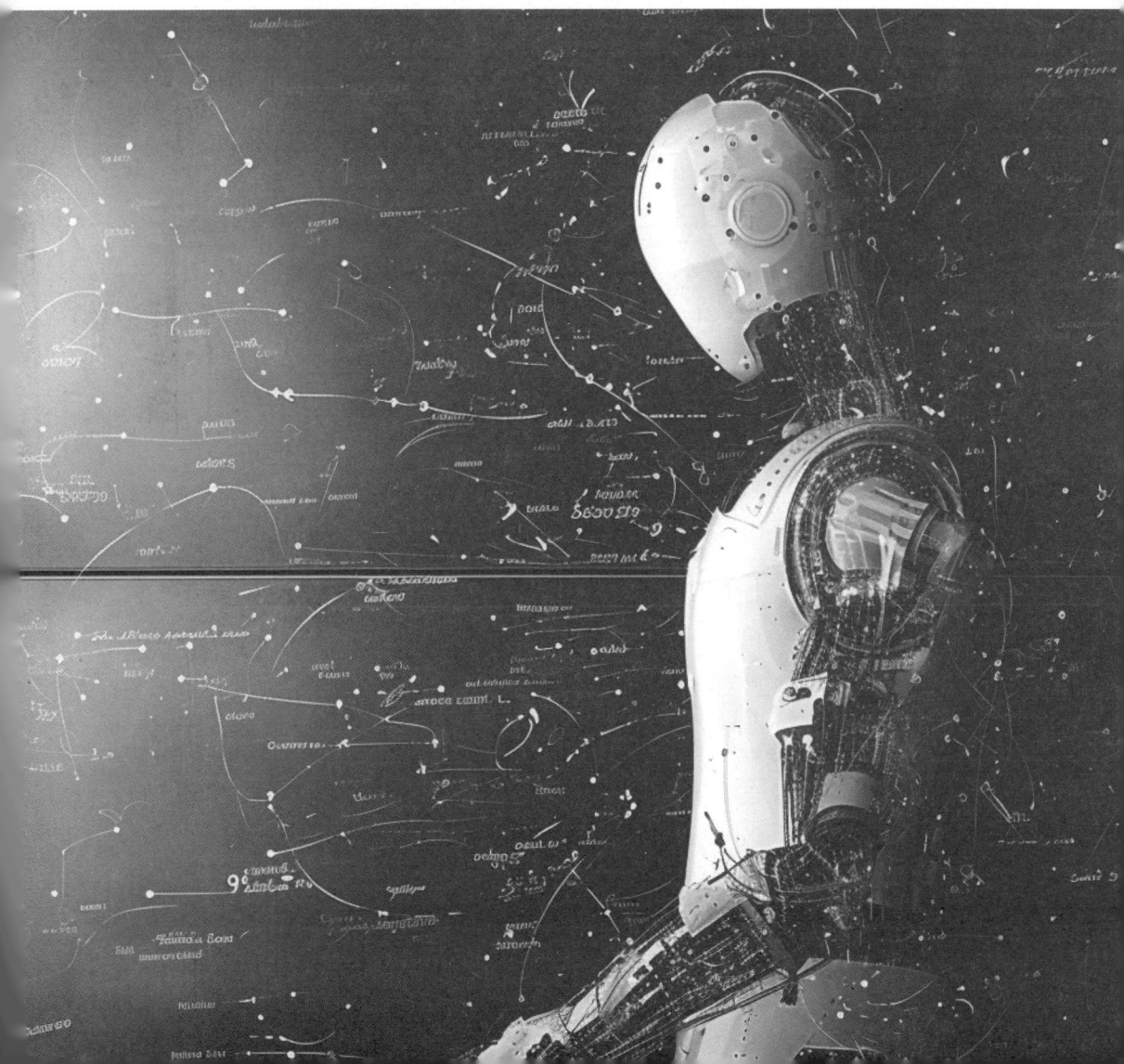

6.1 概述

　　相较于传统铅酸电池和碱性电池，锂离子电池的内部材料具有更高能量密度。当锂离子电池被滥用或误用时，会引发电池内部的剧烈化学反应，产生大量热量，若热量来不及散发会迅速在电池内部积聚，可能引发电池"热失控"，继而出现泄漏、放气、冒烟等现象，严重情况下甚至会导致剧烈燃烧或爆炸。因此，锂离子电池系统的安全性成为备受关注的重点问题。

　　热失控的发生原因主要分为两类：第一类是制造过程中引入的内部因素。例如，由于工艺不严谨造成电极材料受损，集流体切割时产生毛刺，或电池封口不紧（尤其是软包电池）引发电解液泄漏。这些潜在缺陷在后续使用过程中可能成为热失控的诱因。另一类是由电池滥用引发的外部因素。这类原因通常由外部环境或不当操作导致，如过热、过充、过放、短路、机械挤压或硬物刺穿等外部因素，这些因素极易触发电池热失控。此外，电池温度升高会导致产热量呈指数增长，而自然对流散热仅呈线性增加。若无法通过其他方式及时散热，便可能触发一系列链式放热反应。这种反应不仅会导致热失控，还可能进一步引发燃烧或爆炸等严重后果。

在电池模组中，为了提高空间利用率并提升锂电池储能系统的体积能量密度，电池单体之间通常需要紧密贴合。然而，这种设计也带来了潜在风险：当某一单体电芯发生热失控时，其产生的热量极易传递至相邻电芯，引发连锁反应，最终可能导致整个电池模组发生热失控，带来严重后果。因此，对锂电池热失控的蔓延规律进行实验研究显得尤为重要。通过深入掌握热失控的蔓延机理，可以设计出有效的抑制方案，从而最大限度地降低热失控带来的危害。

6.2　借助 AI 大模型设计实验方案

本节将利用 AI 大模型帮助我们设计实验方案。设计锂离子电池模组热失控蔓延的实验方案是一项复杂任务，涉及安全、变量比选、实验设计、数据收集等多个关键要素。

首先，请 AI 大模型生成一个实验室方案，如下所示。

> **YOU**
>
> 你是锂离子电池专家，请设计一个锂离子电池模组热失控蔓延实验方案，要求给出实验用品的参数、实验条件、实验目的。

> **AI 大模型**
>
> 在制定此类实验方案时，安全是首要考虑因素，因此应在专业人员的指导和严格的安全环境中进行。以下是一个基本的实验方案框架，包括实验用品参数、实验条件和实验目的。
>
> **实验用品和参数：**
> - 锂离子电池模组：选择特定型号和容量的锂离子电池，例如 18650 型号，容量为 2 600 mAh。
> - 温度传感器：用于监测电池温度。
> - 高速摄像机：记录热失控过程中的视觉数据。
> - 数据采集系统：用于记录温度、压力和电池电压等数据。
> - 安全隔离舱：进行实验的隔离区，以防蔓延和爆炸。
> - 恒温箱：用于控制环境温度。
> - 电池充放电设备：用于模拟电池的使用环境。
>
> **实验条件：**
> - 环境温度：设定不同的环境温度，例如室温（25 ℃）、高温（50 ℃）和极端高温（>60 ℃）。
> - 充放电状态：在不同的充放电状态下进行实验，如全充状态、半充状态和放空状态。
> - 触发机制：使用外部加热或电压/电流异常等方法触发热失控。

· 电池组排列：改变电池在模组中的排列和间隔，以观察蔓延效应。

实验目的：

· 热失控触发点分析：确定不同条件下电池热失控的临界点。

· 蔓延行为研究：观察和分析热失控如何在电池模组中蔓延。

· 安全措施评估：评估现有安全措施在防止或减缓热失控蔓延方面的有效性。

· 数据收集：收集实验数据以用于改进电池设计和安全标准。

注意事项：

· 实验应在专业人员的监督下进行。

· 应有充分的安全预案和应急措施。

· 所有实验设备和材料应符合相应的安全标准。

这个实验方案仅为一个基本框架，具体细节应根据实验目的和可用资源进行调整。在进行此类实验时，遵守相关的安全规范和法规至关重要。

可以看到，由于 AI 大模型功能限制，不能一次性生成所有细节信息。AI 大模型生成的是一个基本的实验方案框架，还需要我们继续通过提示语完善实验方案的细节。下面请 AI 大模型列举温度传感器、高速摄像机、数据采集系统等实验用品的具体型号，并给出实验中电池的排列方式，以供选择。

YOU

在上述方案中，请列举温度传感器、高速摄像机、数据采集系统的型号。

AI 大模型

在选择温度传感器、高速摄像机和数据采集系统的型号时，需要考虑实验的具体要求，如温度范围、图像分辨率、帧率以及数据记录的精度和速度。以下是一些典型的产品型号示例，但实际选择应根据您的具体需求和预算进行。

1. 温度传感器

K 型热电偶（例如 Omega KMQXL-1/8-U-12）：

AI 大模型

· 测量范围为 –200~1 350 ℃。

· 适用于快速响应和高温测量。

红外温度传感器（例如 Fluke 568）：

· 非接触式测量，适合高温和危险环境。

· 测量范围通常较宽，高精度。

Pt100 温度传感器（例如 Rosemount 214C）：

· 测量范围为 –200~850 ℃。

· 高精度和稳定性，适用于精确温度控制。

2. 高速摄像机

Phantom v2512：

· 最高帧率可达 1 000 000 fps。

· 高分辨率和灵敏度，适合捕捉快速和微小的细节变化。

Vision Research Phantom Miro LC320S：

· 最高帧率达 325 000 fps。

· 紧凑设计，适合在空间受限的环境中使用。

Fastec Imaging TS5：

· 最高帧率可达 29 000 fps。

· 便携，易于配置和使用。

3. 数据采集系统

National Instruments NI CompactDAQ：

· 模块化设计，可根据需要配置不同类型的模块。

· 支持多种传感器和信号类型。

Dewetron DEWE–43A：

· 高精度和多通道数据采集。

· 适用于动态信号分析，如电压、温度和压力。

Keysight DAQ970A：

· 多功能数据采集系统，适用于各种类型的测量。

· 高精度，易于使用的图形界面。

在实际应用中，建议根据实验的特定需求（如温度范围、帧率、分辨率等）以及预算来选择合适的设备。同时，也应考虑设备的兼容性，以确保所有组件可以有效地协同工作。

| YOU | 在上述方案中，给出详细的电池排列方式。 |

| AI 大模型 | 在锂离子电池模组热失控蔓延实验中，电池的排列方式对于研究热失控的蔓延行为至关重要。以下是一些具体的电池排列方式，这些方式旨在模拟不同的使用和储存条件，并观察它们对热失控蔓延的影响。 |

线性排列：

· 单行排列：电池沿着一条直线排列，这种排列方式有助于观察热能如何沿着电池组传播。

· 参数变化：改变电池之间的间距，观察间距对热传播速度的影响。

网格排列：

· 矩阵排列：电池按矩阵（例如 3×3 或 4×4）排列，用于模拟更紧凑的电池组配置。

· 参数变化：调整行间和列间的间距，分析不同密集度下热传播的差异。

堆叠排列：

· 垂直堆叠：电池被垂直堆叠起来，模拟例如笔记本电脑或电动工具中的电池配置。

· 参数变化：改变堆叠层数，研究层数对热失控蔓延速度的影响。

模块化排列：

· 多模组配置：将电池分成几个小模组，每个模组使用不同的排列方式。

· 参数变化：比较不同模组间的热传播，以及它们对整体模组的影响。

松散排列：

· 随机分布：电池随机分布在一个区域内，模拟电池在非结构化环境中的排列。

· 参数变化：观察在松散排列中热失控的蔓延路径和速度。

实验记录与分析：

· 对于每种排列方式，记录热失控的初始点、蔓延速度、影响的电池数量等数据。

· 分析不同排列方式下热失控蔓延的特性，以及排列方式对蔓延行为的影响。

安全考虑：
· 在不同排列实验中，始终保持严格的安全措施。
· 确保有足够的空间和隔离措施来进行这些实验，以减少潜在的风险。
通过对不同排列方式的研究，可以更好地理解在实际应用中电池热失控
蔓延的行为，这对于改进电池安全性和设计具有重要意义。

有了上述信息，就可以根据自身需求和实验条件，按图索骥搭建实验系统。

出于安全考虑，选用防爆箱，电池模组热失控模拟实验均在防爆箱中进行。采用高温 K 型热电偶来测量电池和室内空气的温度，其测量范围为 0~1 100 ℃，精确度为 ±0.3 ℃。数据采集选用 Agilent 数据采集仪，采集频率为每秒一次。通过耐高温胶带将加热器与电池模组捆绑在一起，采用电加热器直接对单个电池进行加热以诱发其热失控。为了避免在加热过程中电加热器脱落，电加热器的功率由接触式变压器进行调节。

电池模组采用矩形排列，如图 6.1 所示。电池模组由 10 节锂离子电池并联组成，设定 1 号电池为直接采用电加热器加热的电池，其余的电池以 1 号电池为基准，按照顺序从 2 号至 10 号进行编号。电池排布编号如图 6.2 所示。

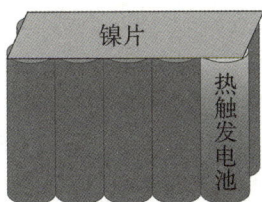

图 6.1　电池模组

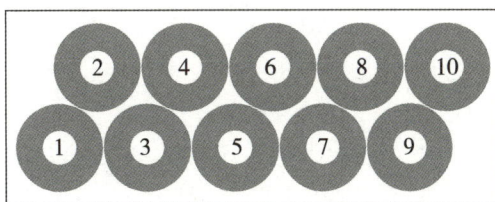

图 6.2　电池排布编号

在实验过程中，为了加热指定电池，在电加热器上添加适应电池表面的弧面，该弧面与其他电池不接触。加热器的底座为铜，在底座上插入两根电热杆。步骤如下：

①在防爆箱内放置电池模组，设定防爆箱温度为 25 ℃。

②待电池温度稳定后，关闭恒温控制，以免内部风冷对实验造成影响。

③选择 70 W 的加热功率和 200 V 的调压，加热目标电池。一旦目标电池达到热失控，立即关闭加热器。

④按照上述步骤，分别对模组在 SOC 为 50%，75% 和 100% 的状态下进行实验，并收集电池模组发生热失控蔓延的温度。

6.3　借助 AI 大模型快速制作 PPT

对于研究人员和工程师来说，PPT 能帮助听众迅速捕捉要点，有效提高工作效率和沟通效率。但 PPT 的制作流程并不像观看 PPT 那么容易，即便是简单的课堂讨论或轻松的内部交流，一份内容不多的 PPT 做起来也得费上一番功夫。在对 PPT 的设计和细节要求不多的场合，有没有一种快速、简单的方法迅速完成一份 PPT 呢？AI 大模型能提供一个快速将上述实验方案制作成 PPT 的解决方案，如下所示。

> **YOU**
>
> 将以下叙述转化为 10 页左右的 PPT，要求每页内容 200 字左右，用作学术报告：出于安全考虑，选用防爆箱，电池模组热失控模拟实验均在防爆箱中进行。采用高温 K 型热电偶来测量电池和室内空气的温度，其测量范围为 0~1 100 ℃，精确度为 ±0.3 ℃。数据采集选用 Agilent 数据采集仪，采集频率为每秒一次。热失控诱发通过耐高温胶带将加热器与电池模组捆绑在一起，采用电加热器直接对单个电池进行加热以诱发其热失控，为了避免在加热过程中电加热器的脱落，电加热器的功率由接触式变压器进行调节。
>
> 电池模组的排列方式采用矩形排列。电池模组由 10 节锂离子电池并联组成，设定 1 号电池为直接采用电加热器加热的电池，其余的电池以 1 号电池为基准，按照顺序从 2 号至 10 号进行编号。为了能够有效地加热电池，且避免电加热器接触到目标电池以外其他电池而产生误差，在实验过程中所采用的电加热器上设计了一个能够适应电池表面曲率的弧面，且在电加热器的放置过程中也尽量保证不让加热器与其他电池接触；由于铜具有较高的导热性，选用铜作为加热器的底座，在底座上插入两根电热杆。
>
> 实验步骤如下：
>
> · 将整个电池模组放置在防爆箱内，设定防爆箱温度为 25 ℃；
>
> · 待电池温度稳定后，关闭恒温控制，为避免内部风冷对实验造成影响；

AI 大模型

· 确定采用加热功率为 70 W，将调压器数值调至 200 V 后对锂电池进行
加热，加热至观察到目标电池热失控后关闭加热器；

· 利用充放电设备对整个模组进行充放电，分别将各模组的 SOC 调整至
50%，75% 和 100%，收集电池模组发生热失控蔓延时的温度变化情况。

为了将您提供的内容转化为一份 10 页左右的 PPT，我们可以将信息划分
成不同的部分，并确保每页大约包含 200 字的内容。以下是一个概要，展示
了每页 PPT 的主要内容和结构：

引言页——概述实验的目的和重要性。

· 简要介绍实验背景。

· 强调安全性的重要性。

安全措施：防爆箱的使用——解释为何使用防爆箱及其重要性。

· 防爆箱的功能和选择理由。

· 实验中的安全保障。

温度测量技术——介绍温度测量的设备和方法。

· 高温 K 型热电偶的选择和特点。

· 测量范围和精确度。

数据采集系统——描述使用的数据采集仪及其作用。

· Agilent 34970A 数据采集仪的介绍。

· 采集频率和数据的重要性。

热失控诱发方法——解释如何诱发电池的热失控。

· 加热器与电池模组的绑定方法。

· 加热器的功率调节。

电池模组的排列和编号——展示电池模组的排列方式和编号系统。

· 矩形排列的视觉展示。

· 电池编号和实验设计的重要性。

加热器的设计与放置——详述加热器的特殊设计。

· 适应电池表面曲率的弧面设计。

· 避免误差的放置方法。

加热器材料选择——解释为什么选择铜作为加热器材料。

· 铜的导热性能。

· 电热杆的作用。

AI 大模型

实验步骤：准备阶段——详细说明实验的准备步骤。

· 放置电池模组。

· 设置防爆箱内温度。

实验步骤：温度稳定与恒温控制——描述实验中温度控制的步骤。

· 电池温度的稳定化。

· 关闭恒温控制的理由。

实验步骤：加热过程——展示如何加热电池并观察热失控。

· 加热功率和调压器的设置。

· 目标电池热失控的观察。

实验步骤：充放电过程——介绍充放电设备的使用。

· 充放电过程的描述。

· SOC 调整的重要性。

数据收集：热失控蔓延——解释如何收集和分析数据。

· 热失控蔓延温度变化的记录。

· 数据分析的目的。

结论与发现——概述实验结果和重要发现。

· 实验结果的总结。

· 实验对未来研究的意义。

问答环节——为参与者提供提问的机会。

· 鼓励参与者提问。

· 答疑解惑。

每一页都应包含相关的图表、图像或示意图以辅助解释和展示数据。这样的结构有助于保持内容的连贯性，并确保每一页都紧密地与整体主题相关。

　　以上是 AI 大模型生成的概要，但每一页的内容不够细致，也没完全涵盖方案的要点，因此需要进一步细化。在 AI 大模型继续细化每一页的内容之前，我们先介绍 Markdown 格式和 Marp 插件。

1）Markdown 语言简介

约翰·格鲁伯在 2004 年创造了 Markdown 语言，其 logo 如图 6.3 所示，这是一种轻量级标记语言，广泛应用于各种场合，包括编写文档、撰写博客、管理网站内容、编写电子邮件以及在许多与编程相关的社区和论坛（如 GitHub、Reddit、简书）中的使用。该语言的设计初衷是方便大家使用易读易写的纯文本格式编写文档，并选择性地转换成有效的 XHTML（或 HTML）。Markdown 文件通常以 .md 或 .markdown 为扩展名。

图 6.3　Markdown 语言的 logo

Markdown 使用一系列简单的符号和语法规则来表示文档的不同部分，如表 6.1 所示，使用井号（#）来创建标题，星号（*）或下画线（_）来强调文本，以及方括号和圆括号来创建链接。

表 6.1　Markdown 语言示例

Markdown 语言	显示效果
# 一级标题	一级标题
## 二级标题	二级标题
文本属性：* 斜体 *、** 粗体 **	文本属性：斜体、粗体

Markdown 的一个显著特点是扩展性好。目前已开发出诸多变体和扩展应用，此外，不同的 Markdown 解析器和编辑器也提供了不同程度的扩展支持和

额外功能，如实时预览和自定义样式，为用户提供了多种多样的选择。

2）Marp 插件简介

Marp 最初由日本的开发者 Yuki Hattori 创建，旨在简化演示文稿的创建过程，其 logo 如图 6.4 所示。Marp 利用 Markdown 语法创建幻灯片，使用户可以专注于内容构建而不是格式设置。作为一种现代化的演示文稿工具，Marp 专为创建幻灯片而设计，它将 Markdown 的简捷性与幻灯片制作的强大功能相结合。Marp 被广泛用于教育、技术演示和会议中，尤其受到程序员和技术专业人士的青睐。

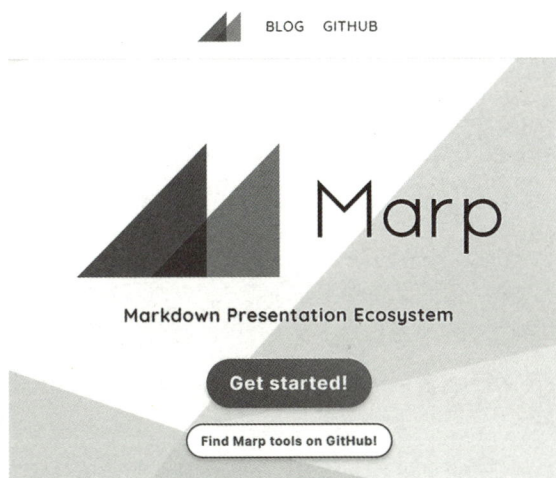

图 6.4 Marp 插件的 logo

Marp 拥有一个活跃的开发者和用户社区，提供了大量的资源、教程和自定义主题。Marp 能够与多种工具和平台整合，例如与 Visual Studio Code 或 GitHub 结合，使用户可以直接从版本控制仓库中生成和展示幻灯片。

3）制作 ppt 的提速技巧

基于上述概要，请 AI 大模型继续细化，并用 Marp 格式输出。

YOU

请按上述概要，细化每一页 PPT，要求每页在 300 字左右，以 Marp 格式输出。

AI 大模型

当然，我将根据您提供的概要，进一步细化每一页 PPT 的内容。每页将包含大约 300 字，并按照 Marp 格式排版。

第 1 页：研究背景

markdown

Copy code

```
---------------------------

# 研究背景
本研究旨在深入探究锂离子电池在极端热条件下的热失控现象。电池的热失控是电池安全性中最严重的问题之一，它可能导致电池过热、着火甚至爆炸。了解和预防热失控对于提高电池的安全性和可靠性至关重要。

随着电动汽车和可再生能源存储系统的广泛应用，对电池安全性的关注日益增加。锂离子电池因其高能量密度而广受欢迎，但这也意味着它们在极端条件下更容易发生热失控。因此，本研究致力于通过实验和数据分析，揭示电池在高温环境下的行为模式，并提出改进措施。

我们的研究重点是模拟电池在实际使用中可能遇到的极端温度条件，分析热失控的起始机制和传播过程。通过这些研究，我们希望为电池的设计和使用提供科学依据，增强电池的安全性能。

---------------------------
```

第 2 页：实验目的

markdown

Copy code

```
---------------------------
```

AI 大模型

\# 实验目的

本实验的主要目的是通过模拟极端热应力条件，深入了解锂离子电池的热失控行为。我们旨在研究以下几个关键方面：

1. ** 热失控的起始条件 **：我们探究不同类型的锂离子电池在何种温度和环境条件下开始发生热失控。

2. ** 热失控的传播机制 **：研究电池模组中热失控的传播方式，包括它是如何从一个电池传播到相邻电池的。

3. ** 影响热失控的因素 **：分析各种因素（如电池排列、外部环境、电池状态等）如何影响热失控的发生和扩散。

4. ** 预防和缓解措施 **：基于实验结果，提出可能的预防和缓解热失控的策略。

通过这些研究目标，我们希望能够为锂离子电池的安全设计和管理提供更深入的见解，从而减少电池使用过程中的安全风险。

……

这是按照您的要求为每页 PPT 准备的内容，每页大约 300 字。这些内容遵循了 Marp 的格式规范，方便您直接使用在 PPT 制作中。如果需要进一步地调整或添加，欢迎随时告知！

得到指令后，AI 大模型分别细化生成每一页的内容。为了方便与用户互动，分页码生成了 PPT。在生成期间，可以随时根据需要向 AI 大模型提出要求，进行调整或添加。需要说明的是，由于篇幅限制，这里仅展示 AI 大模型生成的部分内容。为快速形成 PPT，还需要将上述 Markdown 语言合并，步骤如下。

YOU

将第一页删除后，合并上述 Markdown 文本。

AI 大模型

当然，以下是将上述各页的内容合并成一个完整的 Markdown 文件，遵循 Marp 格式规范：

🔵 AI 大模型

---

marp: true

theme: default

实验目的

本实验的主要目的是通过模拟极端热应力条件，深入了解锂离子电池的热失控行为。我们旨在研究以下几个关键方面：

1. ** 热失控的起始条件 **：我们探究不同类型的锂离子电池在何种温度和环境条件下开始发生热失控。
2. ** 热失控的传播机制 **：研究电池模组中热失控的传播方式，包括它是如何从一个电池传播到相邻电池的。
3. ** 影响热失控的因素 **：分析各种因素（如电池排列、外部环境、电池状态等）如何影响热失控的发生和扩散。
4. ** 预防和缓解措施 **：基于实验结果，提出可能的预防和缓解热失控的策略。

通过这些研究目标，我们希望能够为锂离子电池的安全设计和管理提供更深入的见解，从而减少电池使用过程中的安全风险。

实验设备和设置

本实验使用了先进的实验设备和精密的设置来模拟和分析电池的热失控行为。主要设备和设置包括：

- ** 电池模组 **：我们使用了多个锂离子电池单元组成的模组，以模拟真实的使用环境。
- ** 温度控制系统 **：配备了高精度的温控设备，能够精确控制和监测实验度。
- ** 电加热器 **：用于对特定电池进行定向加热，模拟热失控的初始条件。

AI 大模型

– **温度和压力传感器**：安装在电池模组的关键位置，用于实时监测电池的温度和压力变化。

– **数据采集系统**：用于收集和记录实验过程中的所有关键数据，包括温度、压力、电压和电流等。

这些设备和设置确保了实验的准确性和重复性，为我们提供了可靠的数据来分析电池的热失控行为。

_____

实验流程
本实验的流程分为几个关键步骤：

1.**准备阶段**：设置实验环境，包括电池模组的安装和连接，以及温度控制系统的校准。

2.**加热阶段**：使用电加热器对选定的电池进行定量加热，模拟热失控的初始环境。

3.**数据记录**：实时监测并记录电池的温度、压力、电压和电流数据。

4.**观察阶段**：密切观察热失控的发展和传播过程，特别注意热失控是如何从一个电池传播到其他电池的。

5.**数据分析**：实验结束后，对收集的数据进行详细分析，以了解热失控的具体行为和特征。

这个流程旨在模拟和分析在不同条件下电池的热失控行为，为我们提供深入的理解和见解。

_____

加热方法和监测
在实验中，我们采用了精确的加热方法来模拟电池的热失控条件。具体步骤包括：

AI 大模型

– ** 定向加热 **：选择单个电池进行定向加热，以模拟由内部故障引起的热失控情况。加热速率和温度都经过精心设定，以确保实验的准确性和可重复性。

– ** 温度监测 **：使用高精度温度传感器来监控加热电池的温度变化。这些传感器放置在电池的关键位置，确保我们能够获得详尽的温度分布信息。

– ** 实时数据记录 **：所有温度数据都实时记录，以便于后续的分析和研究。

通过这种方法，我们可以准确模拟热失控的起始条件，并监测它在电池模组中的传播过程。

实验观察重点
在实验过程中，我们特别关注以下几个重要的观察点：

1. ** 热失控的起始阶段 **：监测加热电池的温度上升和热失控的初始表现。

2. ** 传播速度和模式 **：观察热失控如何从一个电池传播到相邻的电池，包括传播的速度和模式。

3. ** 环境因素的影响 **：分析电池排列、模组设计和外部环境等因素如何影响热失控的传播。

4. ** 电池性能的变化 **：记录和分析电池在加热过程中的电压和电流变化，以及这些变化如何与热失控的发展相关联。

这些观察重点将帮助我们更好地理解热失控的行为，并为后续的数据分析提供重要的参考依据。

AI 大模型

安全措施

鉴于电池热失控实验的潜在危险性，我们采取了一系列严格的安全措施来确保实验人员和设备的安全。这些措施包括：

- **专业的安全培训**：所有参与实验的人员都接受了有关电池安全和应急响应的专业培训。
- **安全设备**：实验室配备了消防设备、安全防护装备和紧急切断开关，以应对可能的紧急情况。
- **远程监控**：通过摄像头和远程监控系统来实时观察实验过程，确保在发生任何异常情况时能够迅速采取措施。
- **应急预案**：制定了详细的应急预案，包括紧急疏散路线和紧急联系人，以确保在紧急情况下能够迅速有效地响应。

这些安全措施确保了实验的顺利进行，同时最大限度地减少了安全风险。

数据收集和记录

在实验过程中，我们收集了大量的数据，这些数据对于理解电池的热失控行为至关重要。数据收集包括：

- **温度数据**：记录电池模组内各个位置的温度变化，以监测热失控的发展和传播。
- **电压和电流数据**：收集电池在加热过程中的电压和电流变化，以分析电池的电化学性能。
- **压力数据**：在一些实验中，我们还记录了电池内部的压力变化，这有助于我们理解电池在热失控时的物理变化。

所有这些数据都通过高精度的仪器实时收集，并通过数据采集系统进行记录和存储，为后续的分析提供了可靠的数据基础。

AI 大模型

_____

实验结果与分析

实验结果表明，电池热失控的传播速度和模式受到多种因素的影响，包括电池本身的设计、电池模组的配置以及外部环境条件。

通过对收集到的数据进行详细分析，我们发现了几个关键的因素，它们在电池热失控的过程中发挥了重要的作用。这些发现不仅增强了我们对电池热失控行为的理解，而且对于改进电池设计和增强电池安全性具有重要的指导意义。

_____

未来工作和展望

在未来的工作中，我们将继续深入研究电池热失控的机制，并探索更有效的预防和控制方法。我们计划进行以下几个方面的工作：

1. ** 优化电池设计 **：基于实验结果，对电池的设计进行优化，以提高其热稳定性和安全性。
2. ** 开发高效的热管理系统 **：设计和测试不同的热管理系统，以更好地控制电池模组的温度。
3. ** 扩大实验规模 **：在更大规模的电池模组上进行实验，以更准确地模拟实际应用中的状况。
4. ** 合作与交流 **：与业内其他研究团队和企业合作，共享数据和经验，推动电池安全技术的发展。

通过这些努力，我们希望为电池的安全使用和可持续发展做出更大的贡献。

有了上述 Markdown 的文本，可快速生成 PPT，步骤如下：

①登录 Visual Studio Code 官方网站，软件提供多种版本，下载界面如图 6.5 所示，选择合适版本下载并安装。

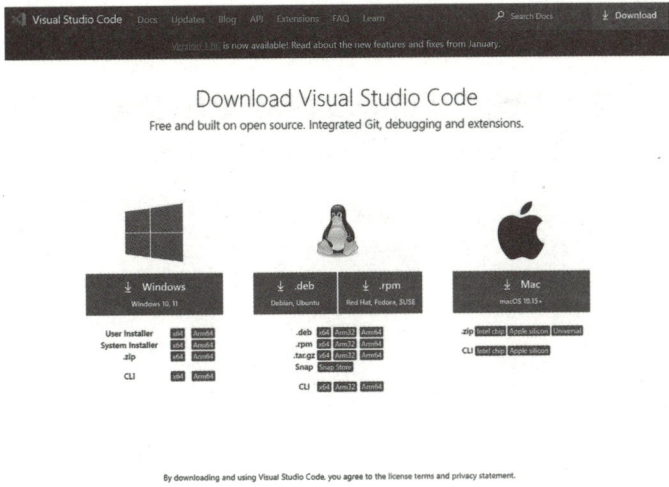

图 6.5　Visual Studio Code 官方网站下载界面

②打开 Visual Studio Code 软件，点击 extension 扩展按钮，搜索 Marp 后安装插件，如图 6.6 所示。

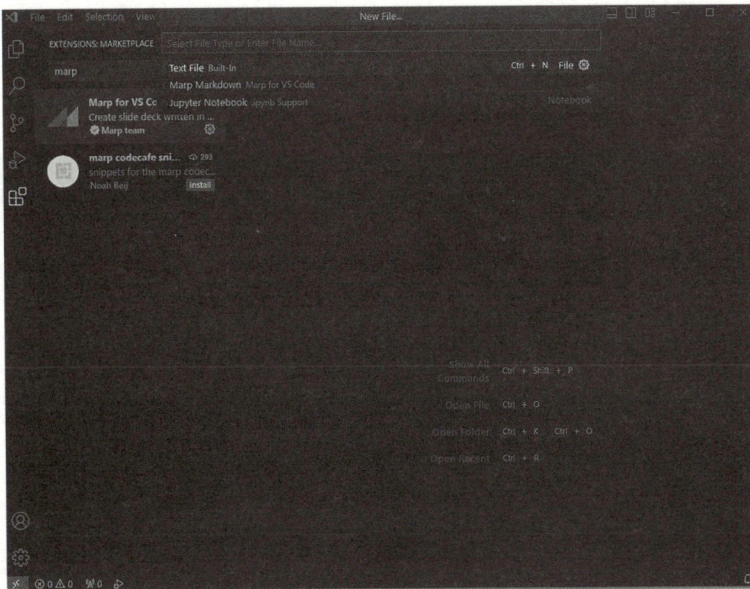

图 6.6　Visual Studio Code 中 Marp 插件安装界面

③新建文件，选择 Marp Markdown 文件，如图 6.7 所示。

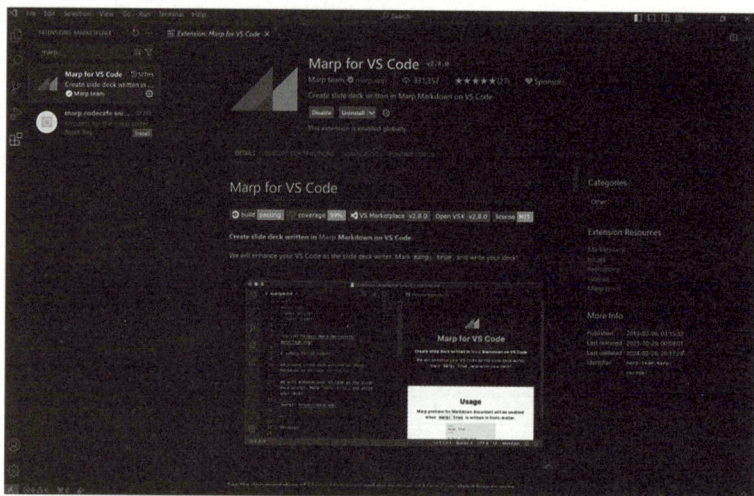

图 6.7　Visual Studio Code 创建新文件

④将 AI 大模型生成的 Markdown 的文本复制粘贴到文件中。同时，可以根据个人审美对格式进行微调。例如，在第一页加一张图片，为每一页添加页码，生成 PPT 的效果如图 6.8 所示。

图 6.8　Visual Studio Code 生成 PPT

⑤点击 Export Slide Deck 导出按钮，如图 6.9 所示。

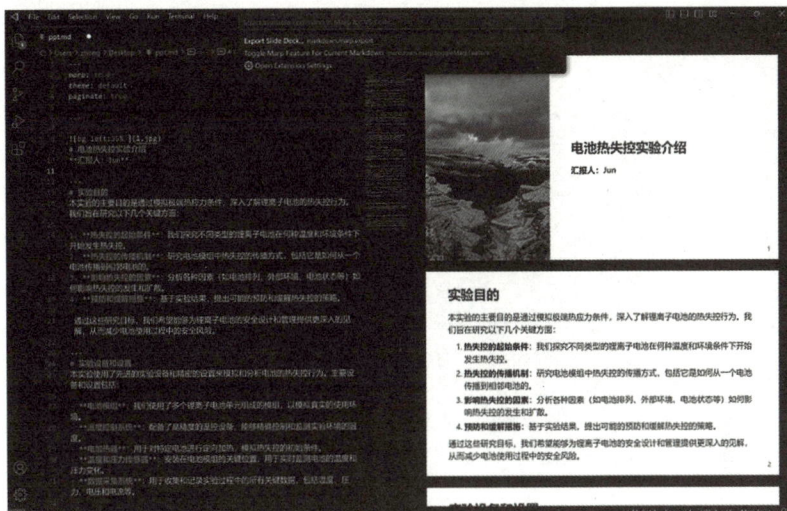

图 6.9　Visual Studio Code 导出 PPT

⑥选择保存类型为 PowerPoint document（*.pptx），如图 6.10 所示。

图 6.10　保存类型选择界面

⑦保存后，快速得到 PPT，如图 6.11 所示。

图 6.11　生成 PPT 的效果

6.4　小结

实验方案设计是实验中的重要环节，是一个极富创造性的阶段，涉及研究员的知识水平、经验、灵感和想象力。本章通过介绍 AI 大模型辅助我们完成热蔓延实验方案设计的过程，展示 AI 大模型在实验中实践应用的可能性。

在实验方案设计中，AI 大模型至少可以发挥两个方面的重要功能：第一是思路启发，基于大语言模型的数据库，AI 大模型能根据需求生成多个实验备选方案，从而启发研究人员思路，让研究人员能轻松地基于已有的知识，挑选并定制化设计自己的实验，避免了从零开始。第二是思路呈现，AI 大模型能将方案以 Markdown 语言形式输出，配合 Marp 插件迅速生成 PPT，可节约研究人员大量的时间和精力。

参考文献

［1］董缇，彭鹏，曹文炅，等．锂离子电池热管理和安全性研究 [J]. 新能源进展，2019，7(1)：50-59.

［2］王淮斌，李阳，王钦正，等．三元锂离子动力电池热失控及蔓延特性实验研究 [J]. 工程科学学报，2021，43(5)：663-675.

［3］刘道军，丁玲．ChatGPT 速学通：文案写作 +PPT 制作 + 数据分析 + 知识学习与变现 [M]. 北京：人民邮电出版社，2023.

第 7 章

AI 大模型在实验数据分析中的应用

7.1 概述

在计算科学和统计科学中，若输入错误数据，则输出亦为错误数据，这就是所谓的"Garbage in, Garbage out"（垃圾进，垃圾出）。在实验分析中，数据分析是"Garbage in"阶段，该阶段的工作质量直接决定整个实验成功与否。正如"九层之台，起于累土"，处理实验数据是兼具综合性和基础性的工作，涉及数据采集、数据清洗、数据整理等多个环节，每个环节都需要投入大量的细致劳动与时间精力。

通常，在处理实验数据时，可能会出现以下几类问题：

· 数据的时间标记可能丢失、错位或不可用等，导致实验数据的部分时序信息丢失。

· 由于采集装置的通信问题，可能会导致同一数据被重复上传。

· 数据存储时容易出现乱码或不一致的情况。

　　如果能使用灵活工具解决以上问题，让载入、清洗、变换、合并和重塑数据变得高效，或者借助像 AI 大模型这样的人工智能技术，让机器代替人工从大量原始数据中快速识别、纠正（或删除）错误和不一致的数据，将有效减轻实验人员的重复劳动，将精力集中在更为关键的环节，从而提升实验效率。

7.2　借助 AI 大模型清洗实验数据

数据清洗是数据分析过程中的重要环节，也是耗费精力和时间最多的环节，涉及大量的重复且细致的工作，这样的工作通常会占用分析人员 80% 以上的时间。数据清洗的目的是通过检测、校正或删除不准确的数据，以提高数据的整体质量。其主要任务包括以下几个方面：

· 缺失值处理。

· 重复数据处理。

· 异常值检测和错误数据校正。

· 数据一致性检测。

· 数据转换、整合。

1）处理缺失值

数据缺失是在实验收集过程中最为常见的现象之一。处理缺失值是数据预处理中的一个重要步骤，常见的方法有：

· 删除缺失值。当缺失值占比不高时使用此方法。如果缺失数据占比过高，这种方法可能导致信息损失，需要极力避免。

· 填充缺失值。填充方法如下：

－ 均值 / 中位数 / 众数填充：可以用均值、中位数或众数来填充缺失值。

- 基于模型的填充：使用数据建模方法，如回归、插值或使用基于机器学习
  的算法来预测并填充缺失值。

- 使用特定值填充：可以使用 0 或其他特定值填充缺失值。

本节将以案例的形式展示如何借助 AI 大模型处理缺失值。原始数据采用 .csv 格式存储，每隔 1 s 扫描一个通道，共采用 10 个通道的测量温度，原始数据中不可避免地会出现空值，如表 7.1 所示。

表 7.1　案例数据

1 (C)	2 (C)	3 (C)	4 (C)	5 (C)	6 (C)	7 (C)	8 (C)	9 (C)	10 (C)
25.452	25.372	25.268	25.179	25.168	25.566	25.485	25.349	25.287	25.154
25.473	25.366	25.269	25.212	25.184	25.552	25.464	25.352		25.162
…	…	…	…	…	…	…	…	…	…
25.475	25.399	25.302	25.224	25.197	25.576		25.364	25.314	25.185
25.491	25.397	25.327	25.242	25.212	25.576	25.491	25.386	25.297	25.178

上传待处理的原始数据后，请 AI 大模型统计出现空值的数量，先观察原始数据的质量。

YOU 📊 data_temperature_null.csv Spreadsheet　统计出现空值的数量。

AI 大模型 在您提供的数据集中，总共有 100 个缺失值。这些缺失值分布在不同的列中，具体如下：

· 第 3 列：3 个缺失值

· 第 6 列：3 个缺失值

· 第 8 列：1 个缺失值

……

如果您需要进一步的分析或处理，请告诉我。

可以看到，缺失值占比不高，在理论上，这种情况下可以直接删除缺失值。但是，由于是每隔 1 s 扫描一个通道，如果直接删除缺失值，会导致同一批次的温度数据均无法使用。也就是说，删除一个缺失值会导致删除缺失值所在行的所有数据，这将造成信息大量丢失，因此，选择补全缺失值的方法更为合适。

考虑到温度惯性比较大，正常情况下短时间内不会发生跳变，可选择同一电池的前后采样均值来补全缺失值。

YOU　在同一列，采用前后两个值的平均值来补全缺失值。

AI 大模型　缺失值已经成功地用同一列中前后两个值的平均值进行了填充。现在数据集中没有任何缺失值。

如果您需要将这个处理后的数据保存为新文件，或者有其他需要，请告诉我。

YOU　将处理后的数据保存为新文件。

AI 大模型　The data with filled missing values has been saved to a new CSV file. You can download it using the following link:

Download Filled Temperature Data

案例中，最后一行为文件下载超链接。

这种方法需要将数据上传，如果考虑到数据保密，不愿意将数据上传到服务器，还可以采用下面的方法。

◇采用 VBA 宏进行处理

Visual Basic for Applications（简称 VBA）是由微软公司开发的新一代标准宏语言，它是一种应用程序共享的通用自动化语言，基于 Visual Basic for Windows 发展而来。VBA 可以完成很多任务，在 Office 应用程序中也可以共享使用。如果掌握了使用 VBA 的方法，可以让复杂的工作简易化，减少不必要的重复性工作，大大提高我们的工作效率，VBA 界面如图 7.1 所示。在 Excel 中，按下"Alt+F11"快捷键即可打开 VBA 编辑器。

图 7.1　VBA 界面

将数据结构告知 AI 大模型后，借助 AI 大模型生成 VBA 代码。

YOU　请写一个 VBA 代码，采用前后两个值的平均值来补全缺失值。

AI 大模型　要用 VBA 代码在 Excel 中填充缺失值，你可以使用以下步骤和代码示例。此代码将遍历指定的数据范围，并将每个列中的缺失值（空单元格）替换为其前后单元格的平均值。

请按照以下步骤在 Excel 中使用此 VBA 代码：

1. 打开 Excel 文件。

2. 按下"Alt + F11"键打开 VBA 编辑器。

3. 在菜单栏中选择 插入→模块，创建一个新模块。

4. 将下面的代码复制并粘贴到模块窗口中。

5. 按下"F5"键运行代码，或返回 Excel 界面并从宏列表中选择并运行它。

```
Sub FillMissingValuesWithAverage（）

    Dim ws As Worksheet

    Dim rng As Range

    Dim cell As Range

    Dim startRow As Long, endRow As Long, col As Long


    ' Set the worksheet and range to work with

    Set ws = ThisWorkbook.Sheets（"Sheet1"）' Change "Sheet1" to your sheet name

    Set rng = ws.Range（"A1:J1000"）' Change the range as needed


    ' Loop through each cell in the range

    For Each cell In rng

        If IsEmpty（cell.Value）Then

            startRow = cell.Row − 1

            endRow = cell.Row + 1

            col = cell.Column


            ' Check if adjacent cells are not empty

            If startRow >= 1 And endRow <= rng.Rows.Count Then
```

AI 大模型

```
        If Not IsEmpty( ws.Cells( startRow, col ).Value ) And Not IsEmpty( ws.
Cells（endRow, col）.Value）Then
            cell.Value =（ws.Cells（startRow, col）.Value + ws.Cells（endRow,
col）.Value）/ 2
        End If
      End If
    End If
  Next cell
End Sub
```

注意：

确保更改代码中的工作表名称和范围，以匹配你的 Excel 文件。

代码假设数据从第 1 行开始，如果你的数据有标题行，请相应地调整 startRow 和 endRow。

如果缺失值位于数据的开始或结束处，这个代码将不对其进行处理，因为没有足够的相邻数据来计算平均值。

运行此宏后，它将遍历指定范围内的每个单元格，如果发现空值，则用其前后单元格的平均值填充。

按照 AI 大模型给出的说明进行操作，将 VBA 代码复制粘贴进模块中，运行程序后，缺失值则自动补全，如图 7.2 所示。

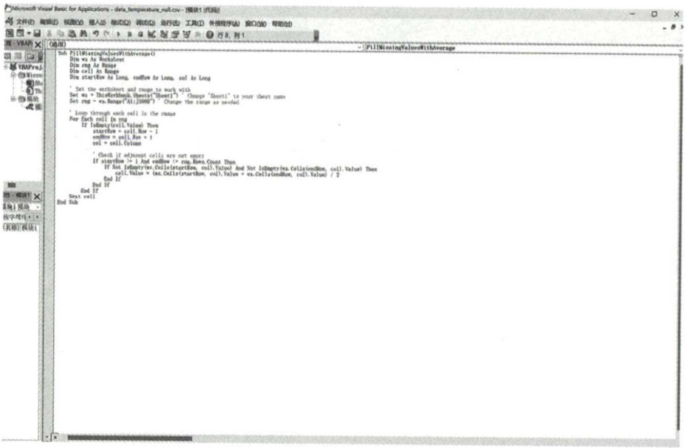

图 7.2　将 AI 大模型代码复制粘贴进 VBA 的界面

◇采用 Python 进行处理

Jupyter Notebook 是一个基于 Web 的交互式计算环境，支持运行多种编程语言。本质上，它是一个 Web 应用程序，用于创建 Jupyter Notebook 文档。Jupyter Notebook 文档是一个 JSON 格式的文件，包含一个有序的输入 / 输出单元格列表，这些单元格可以包含代码、文本（使用 Markdown 语言）、数学公式、图表和富媒体（Rich Media），通常以".ipynb"为扩展名结尾。Jupyter 在数据分析领域应用广泛，包括数据清理和转换、数值模拟、统计建模、机器学习等，如图 7.3 所示为其界面。

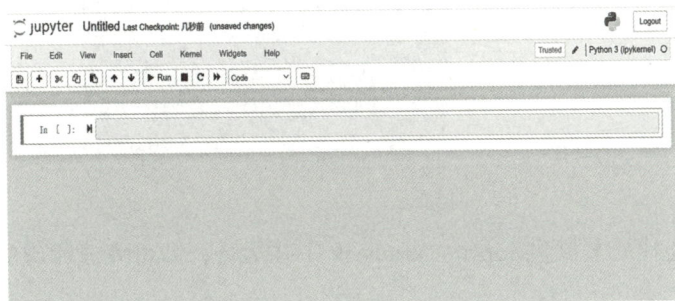

图 7.3　Jupyter 界面

将数据结构告知 AI 大模型后，借助 AI 大模型生成 Jupyter 代码。

YOU	请写一个 Jupyter 代码，采用前后两个值的平均值来补全缺失值。
AI 大模型	The Python code has successfully filled the missing values in your dataset with the average of the previous and next values in the same column. The displayed data shows the first few rows after this operation. If you need to save this filled data to a new file or require further processing, please let me know! [>_]

　　将上述代码复制进 Jupyter Notebook 中并运行，即可完成相应的任务。有

必要说明的是，AI 大模型有一个强大的功能：在运行代码时，如果出现报错，

可将报错内容再次输入 AI 大模型，AI 大模型会根据报错内容给出修改 bug 的

建议或重写代码。

　　以此类推，读者可以自行完成以下任务：

· 重复数据处理。

· 异常值检测和错误数据校正。

· 数据一致性检测的任务。

2）数据规整：连接、联合与重塑

实验过程不可避免地会涉及同时处理多个数据文件，例如，在热蔓延实验方案中，我们将各模组的 SOC 调整至 50%，75% 和 100%，分别开展多次热失控模拟实验，收集温度数据。

这种情况下，可借助 AI 大模型完成文件批处理，完成以下任务：

· 从文本文件中获取数据。

· 快速拆分工作表。

· 合并多表数据。

· 合并同一个文件夹下的多个工作簿数据。

· 快速创建工作表目录。

· 批量修改文件名。

下面以处理 50%SOC 中的 5 次实验数据文件为例，说明 AI 大模型在数据规整中的应用。

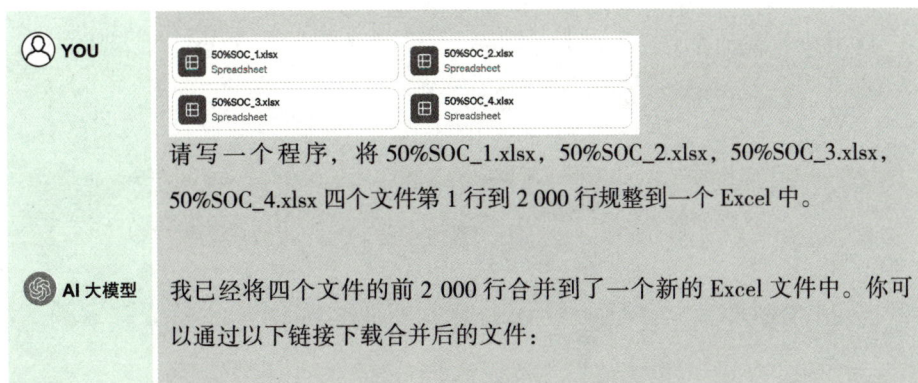

YOU

50%SOC_1.xlsx	50%SOC_2.xlsx
Spreadsheet	Spreadsheet
50%SOC_3.xlsx	50%SOC_4.xlsx
Spreadsheet	Spreadsheet

请写一个程序，将 50%SOC_1.xlsx，50%SOC_2.xlsx，50%SOC_3.xlsx，50%SOC_4.xlsx 四个文件第 1 行到 2 000 行规整到一个 Excel 中。

AI 大模型

我已经将四个文件的前 2 000 行合并到了一个新的 Excel 文件中。你可以通过以下链接下载合并后的文件：

AI 大模型　下载合并后的 Excel 文件 ［>_］

　　其中，"下载合并后的 Excel 文件 ［>_］"是一个文件下载超链接，为按照要求合并后的 Excel 文件。如果不希望将数据上传到服务器，或者需要合并处理的文件很多，可以借助 AI 大模型生成批处理程序，一并将文件夹中的文件全部处理。

YOU　请写一个 VBA 程序，读取 data 文件夹里所有 Excel 文件，并将其第 1 行到 2000 行规整到一个 Excel 中。

AI 大模型　要创建一个 VBA 程序来读取一个文件夹中的所有 Excel 文件，并将每个文件的前 2000 行合并到一个新的 Excel 工作簿中，你可以按照以下步骤进行：
打开一个新的 Excel 工作簿，这将是你的目标工作簿，用于存储所有合并的数据。

· 按下 "Alt + F11" 键打开 VBA 编辑器。

· 在项目资源管理器中，右键点击你的工作簿，选择插入→模块。

· 在新模块窗口中，复制并粘贴下面的代码。

· 调整代码中的文件夹路径，将其设置为包含你要合并的 Excel 文件的文件夹路径。

· 运行这个宏，它将从指定文件夹中读取所有 Excel 文件，并将每个文件的前 2000 行数据复制到当前工作簿中的不同工作表上。

以下是 VBA 代码示例：

```
Sub MergeExcelFiles（）
    Dim MyFolder As String
    Dim MyFile As String
    Dim wb As Workbook
    Dim ws As Worksheet
    Dim TargetWs As Worksheet
    Dim LastRow As Long
    ' 设置包含 Excel 文件的文件夹路径
    MyFolder = "C:\path\to\your\data\folder"
    MyFile = Dir（MyFolder & "\*.xlsx"）

    Application.ScreenUpdating = False
    Set TargetWs = ThisWorkbook.Sheets（1）
    ' 读取文件夹中的所有 Excel 文件
    Do While MyFile <> ""
        Set wb = Workbooks.Open（Filename:=MyFolder & "\" & MyFile）
        Set ws = wb.Sheets（1）
        ' 复制前 2000 行
        LastRow = Application.Min（ws.Cells（Rows.Count, 1）.End（xlUp）.Row, 2000）
        ws.Range（"A1:Z" & LastRow）.Copy TargetWs.Cells（Rows.Count, 1）.End（xlUp）.Offset（1）
        wb.Close False
```

AI 大模型

```
        MyFile = Dir
Loop
Application.ScreenUpdating = True
MsgBox " 合并完成 !"
End Sub
```

在运行此宏之前，请确保目标文件夹仅包含你想要合并的 Excel 文件，并且每个文件的数据格式是一致的。这个脚本会把所有文件的数据复制到第一个工作表中，但你可以根据需要调整它，例如，为每个源文件创建一个新的工作表。

　　根据 AI 大模型的提示，我们在实际应用时，只需调整文件夹路径，就能快速完成以下批处理任务：拆分工作表、合并同一文件夹下的多个工作簿数据、快速创建工作表目录、批量修改文件名等。

7.3　借助 AI 大模型开展数据分析

数据清洗是确保数据质量的关键步骤，在此基础上进行深入分析，才能获得高质量的分析结果。本节以模组充至 50%SOC 的实验数据为例，展开数据分析。原始数据结构如表 7.2 所示，表头为电芯编号，实验数据一共 4 800 行，每行表示电池每秒采集的温度值，整个过程耗时 80 min，数据以 Excel 文件的形式保存。

表 7.2　原始数据结构（部分）

1（C）	2（C）	3（C）	4（C）	5（C）	6（C）	7（C）	8（C）	9（C）	10（C）
25.452	25.372	25.268	25.179	25.168	25.566	25.485	25.349	25.287	25.154
25.473	25.366	25.269	25.212	25.184	25.552	25.464	25.352	25.281	25.162
25.457	25.374	25.28	25.199	25.176	25.571	25.464	25.373	25.305	25.163
25.475	25.399	25.302	25.224	25.197	25.576	25.485	25.364	25.314	25.185
25.475	25.375	25.286	25.208	25.184	25.565	25.472	25.364	25.304	25.175
…	…	…	…	…	…	…	…	…	…
…	…	…	…	…	…	…	…	…	…
…	…	…	…	…	…	…	…	…	…
47.758	44.425	45.816	38.835	63.117	66.378	38.515	47.187	57.631	53.79

首先，利用 AI 大模型的常规功能对实验数据进行分析。根据前面介绍的方法，上传实验数据后，向 AI 大模型提出分析请求。

YOU

data_temperature_null.csv
Spreadsheet

分析上述数据。

AI 大模型

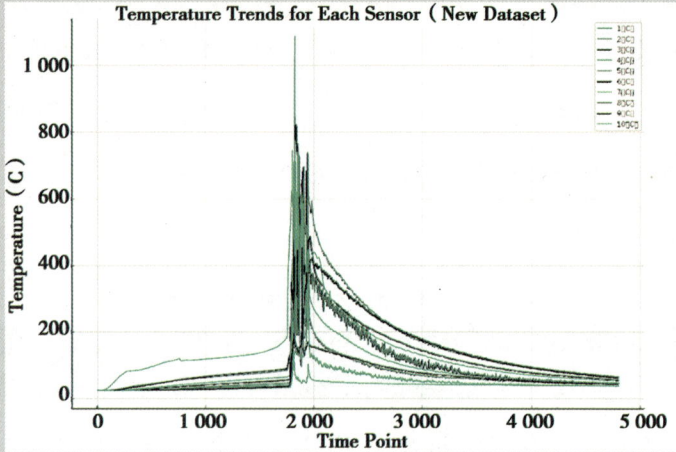

描述性统计分析结果

以下是新数据集中每个传感器温度读数的描述性统计概览：

1. 传感器 1（C）

· 平均温度：116.57 ℃

· 标准差：91.23 ℃

· 最低温度：25.45 ℃

· 最高温度：745.14 ℃

2. 传感器 2（C）

· 平均温度：77.16 ℃

· 标准差：56.71 ℃

· 最低温度：25.37 ℃

· 最高温度：714.43 ℃

3. 传感器 3（C）

· 平均温度：73.15 ℃

· 标准差：65.60 ℃

· 最低温度：25.27 ℃

· 最高温度：656.86 ℃

AI 大模型

4. 传感器 4（C）

·平均温度：40.30 ℃

·标准差：12.66 ℃

·最低温度：25.18 ℃

·最高温度：265.79 ℃

5. 传感器 5（C）

·平均温度：122.95 ℃

·标准差：119.52 ℃

·最低温度：25.15 ℃

·最高温度：735.51 ℃

6. 传感器 6（C）

·平均温度：141.44 ℃

·标准差：120.51 ℃

·最低温度：25.55 ℃

·最高温度：847.32 ℃

7. 传感器 7（C）

·平均温度：65.83 ℃

·标准差：83.63 ℃

·最低温度：25.46 ℃

·最高温度：1086.42 ℃

8. 传感器 8（C）

·平均温度：95.67 ℃

·标准差：101.18 ℃

·最低温度：25.35 ℃

·最高温度：738.80 ℃

9. 传感器 9（C）

·平均温度：104.01 ℃

·标准差：91.05 ℃

·最低温度：25.28 ℃

·最高温度：487.79 ℃

AI 大模型

10. 传感器 10（C）

· 平均温度：95.53 ℃

· 标准差：88.80 ℃

· 最低温度：25.14 ℃

· 最高温度：447.60 ℃

趋势分析：

从温度趋势图中可以看出，不同传感器的温度变化趋势有所不同。某些传感器显示出明显的温度峰值，这可能是热失控事件的迹象。其他传感器则显示出相对平稳的温度变化。

总体分析：

· 多数传感器在某些时间点显示出显著的温度升高，这可能是热失控事件的迹象。

· 传感器间温度趋势的差异可能反映了实验环境中不同位置的热分布不均。

· 对于具有极端温度峰值的传感器，可能需要进一步分析以确定导致这些峰值的具体原因。

可以看到，AI 大模型的数据分析能力非常强大。即使在未提供任何数据信息的情况下，AI 大模型也能推测出该数据可能与热失控相关。接下来，让我们请 AI 大模型对数据进行比较分析。

YOU

请对上述数据进行比较分析。

AI 大模型

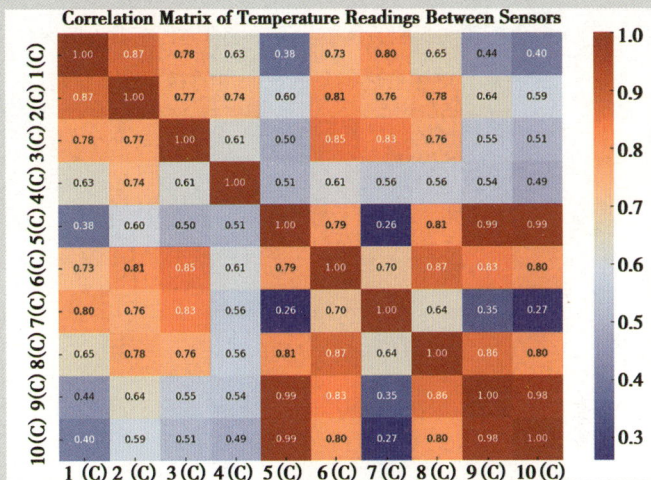

Correlation Matrix of Temperature Readings Between Sensors

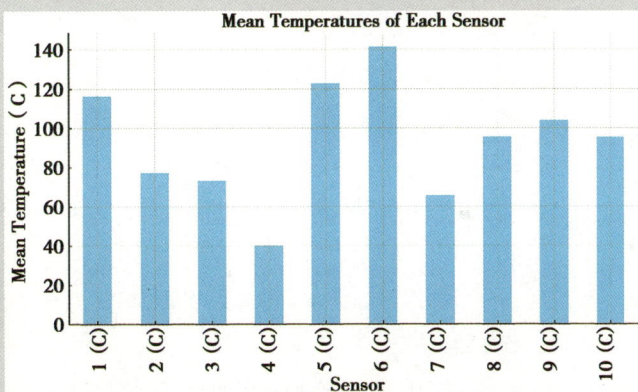

Mean Temperatures of Each Sensor

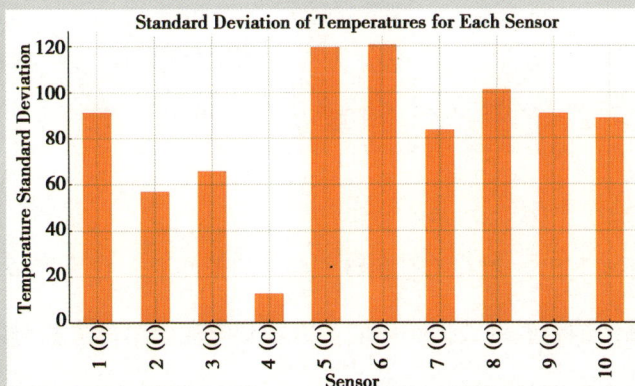

Standard Deviation of Temperatures for Each Sensor

AI 大模型

1. 比较分析结果

相关性分析:

· 传感器间的相关性矩阵显示了不同传感器温度读数之间的相关性水平。

· 大部分传感器之间呈现出一定的相关性,这可能表明它们受到相似的环境条件或实验参数的影响。

平均温度比较:

· 传感器 6(C)的平均温度最高,达到 141.44 ℃,其次是传感器 5(C)和 1(C)。

· 传感器 4(C)的平均温度最低,仅为 40.30 ℃。

· 这表明不同传感器位置的热环境差异显著。

温度波动(标准差)比较:

· 传感器 5(C)和 6(C)的温度波动性最大,其标准差分别为 119.52 ℃和 120.51 ℃。

· 相比之下,传感器 4(C)的温度波动性最小,标准差为 12.66 ℃。

· 这表明某些传感器位置的温度变化幅度更大,可能是由于不均匀的热源或实验条件的不稳定性。

2. 结论

· 不同传感器的温度读数显示出显著的差异,这反映了实验环境中的热分布不均。

· 一些传感器记录了极端的最高温度,这可能是关键的实验事件或特定条件的指标。

· 对于那些温度波动较大的传感器,可能需要进一步分析其背后的原因,以及这些波动对整体实验结果的影响。

这些比较分析结果为理解实验条件下的热动态提供了重要信息,并可能有助于指导未来的实验设计和安全措施的改进。

不难看出,在没有任何特殊要求的条件下,AI 大模型自主分析结果的质量很高。结合温度数据,我们可以看到电池模组热失控时的温度变化规律,当 1 号电池开始加热时,其相邻的 2 号和 3 号电池温度随之上升,两者的温度变化几乎是同步的，但略低于 1 号电池。这是因为加热块施加的热量大部分被 1 号电池吸收，而剩余热量通过 1 号电池传导到相邻的 2 号和 3 号电池，使得相邻电池温度同步上升。这个现象可以在 AI 大模型提供的相关性图表中得以验证，其中 1 号电池的温度与 2 号、3 号的温度相关性值明显高于其他电池。另外，2 号和 3 号电池与 1 号电池的接触面积相同，使得两者温度基本相同，其相关性系数为 0.77，相关性显著。

接下来，分别采用 Excel 和 Python 分析每隔 5 s、10 s、20 s 的温度变化率，并找出 10 个电池的热失控温度点及其发生时间。

首先，采用 Excel 进行分析，如图 7.4 所示，温度数据从第二行的 A 列开始。借助 AI 大模型计算 1 号电池每隔 5 s 的温度变化的斜率，并将结果显示在 K 列。

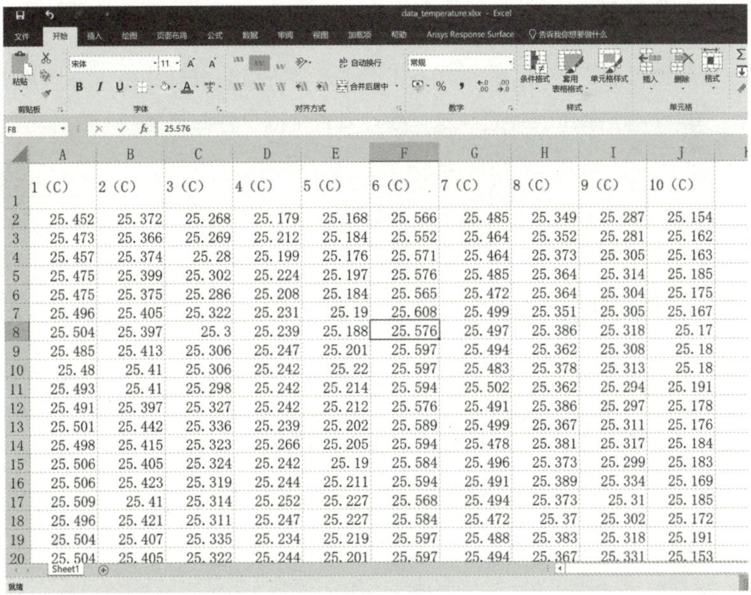

	A	B	C	D	E	F	G	H	I	J
1	1 (C)	2 (C)	3 (C)	4 (C)	5 (C)	6 (C)	7 (C)	8 (C)	9 (C)	10 (C)
2	25. 452	25. 372	25. 268	25. 179	25. 168	25. 566	25. 485	25. 349	25. 287	25. 154
3	25. 473	25. 366	25. 269	25. 212	25. 184	25. 552	25. 464	25. 352	25. 281	25. 162
4	25. 457	25. 374	25. 28	25. 199	25. 176	25. 571	25. 464	25. 373	25. 305	25. 163
5	25. 475	25. 399	25. 302	25. 224	25. 197	25. 576	25. 485	25. 364	25. 314	25. 185
6	25. 475	25. 375	25. 286	25. 208	25. 184	25. 565	25. 472	25. 364	25. 304	25. 175
7	25. 496	25. 405	25. 322	25. 231	25. 19	25. 608	25. 499	25. 351	25. 305	25. 167
8	25. 504	25. 397	25. 3	25. 239	25. 188	25. 576	25. 497	25. 386	25. 318	25. 17
9	25. 485	25. 413	25. 306	25. 247	25. 201	25. 597	25. 494	25. 362	25. 308	25. 18
10	25. 48	25. 41	25. 306	25. 242	25. 22	25. 597	25. 483	25. 378	25. 313	25. 18
11	25. 493	25. 41	25. 298	25. 242	25. 214	25. 594	25. 502	25. 362	25. 294	25. 191
12	25. 491	25. 397	25. 327	25. 242	25. 212	25. 576	25. 491	25. 386	25. 297	25. 178
13	25. 501	25. 442	25. 336	25. 239	25. 202	25. 589	25. 499	25. 367	25. 311	25. 176
14	25. 498	25. 415	25. 323	25. 266	25. 205	25. 594	25. 478	25. 381	25. 317	25. 184
15	25. 506	25. 405	25. 324	25. 242	25. 19	25. 584	25. 496	25. 373	25. 299	25. 183
16	25. 506	25. 423	25. 319	25. 244	25. 211	25. 594	25. 491	25. 389	25. 334	25. 169
17	25. 509	25. 41	25. 314	25. 252	25. 227	25. 568	25. 494	25. 373	25. 31	25. 185
18	25. 496	25. 421	25. 311	25. 247	25. 227	25. 584	25. 472	25. 37	25. 302	25. 172
19	25. 504	25. 407	25. 335	25. 234	25. 219	25. 597	25. 488	25. 383	25. 318	25. 191
20	25. 504	25. 405	25. 322	25. 244	25. 201	25. 597	25. 494	25. 367	25. 331	25. 153

图 7.4　Excel 中电池模组温度变化值

YOU

在 Excel 表格中，如何在第 K 列计算第 A 列每隔 5 s 的温度变化斜率。

AI 大模型

在 Excel 中计算第 A 列（例如第 1 列）每隔 5 s 的温度变化斜率，并将这个斜率放在第 K 列（例如第 11 列），可以按照以下步骤进行：

选择第 K 列的起始单元格：首先选择你想放置结果的第 K 列的第一个单元格。例如，如果你想把结果放在第 11 列（K 列），那么选择 K2 单元格（假设 K1 是标题）。

输入公式：在 K2 单元格中输入以下公式：

=IF(ROW(A2)−ROW(A2) < 5, "", (INDIRECT("A" & ROW(A2))−INDIRECT（ "A" & ROW（ A2 ）−5 ）) / 5)

这个公式的意思是，如果当前行号与 A 列起始行号的差小于 5，则显示空白。否则，计算当前行（A2）与 5 行前（A2—5）的温度差，然后除以 5 来得到斜率。

向下拖动填充柄：将这个公式从 K2 单元格向下拖动到整个 K 列，以便对所有行进行计算。

调整公式：如果你的数据起始行不是第 2 行，或者你使用的是不同的列，需要相应地调整公式中的行号和列号。

通过这种方式，你就能在 Excel 表格的第 K 列得到第 A 列每隔 5 s 的温度变化斜率。注意，这里假设每行代表一秒的数据。

    按照 AI 大模型给出公式和步骤，复制粘贴到 Excel 中，即可在 K 列动态计算每隔 5 s 的温度变化斜率，如图 7.5 所示。同样地，按照相同的方法，可在 Excel 中计算每隔 10 s、20 s 的温度变化斜率。

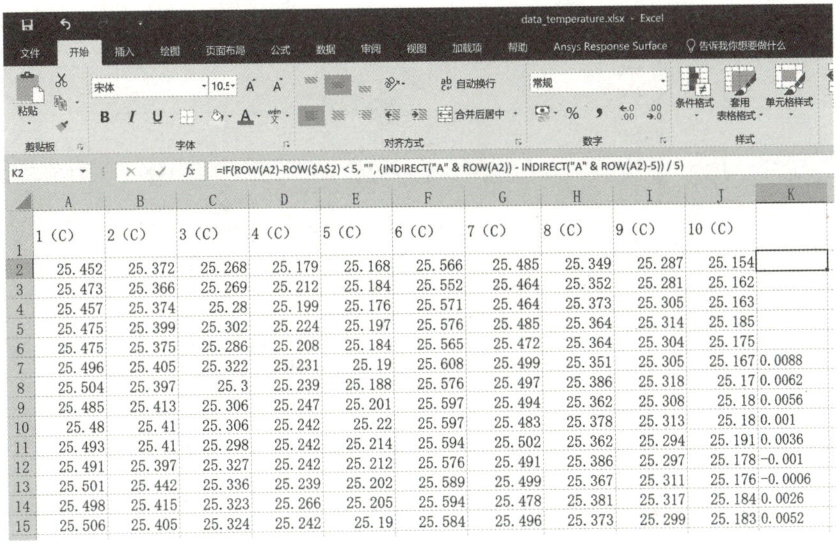

	A	B	C	D	E	F	G	H	I	J	K
1	1 (C)	2 (C)	3 (C)	4 (C)	5 (C)	6 (C)	7 (C)	8 (C)	9 (C)	10 (C)	
2	25.452	25.372	25.268	25.179	25.168	25.566	25.485	25.349	25.287	25.154	
3	25.473	25.366	25.269	25.212	25.184	25.552	25.464	25.352	25.281	25.162	
4	25.457	25.374	25.28	25.199	25.176	25.571	25.464	25.373	25.305	25.163	
5	25.475	25.399	25.302	25.224	25.197	25.576	25.485	25.364	25.314	25.185	
6	25.475	25.375	25.286	25.208	25.184	25.565	25.472	25.364	25.304	25.175	
7	25.496	25.405	25.322	25.231	25.19	25.608	25.499	25.351	25.305	25.167	0.0088
8	25.504	25.397	25.3	25.239	25.188	25.576	25.497	25.386	25.318	25.17	0.0062
9	25.485	25.413	25.306	25.247	25.201	25.597	25.494	25.362	25.308	25.18	0.0056
10	25.48	25.41	25.306	25.242	25.22	25.597	25.483	25.378	25.313	25.18	0.001
11	25.493	25.41	25.298	25.242	25.214	25.594	25.502	25.362	25.294	25.191	0.0036
12	25.491	25.397	25.327	25.242	25.212	25.576	25.491	25.386	25.297	25.178	-0.001
13	25.501	25.442	25.336	25.239	25.202	25.589	25.499	25.367	25.311	25.176	-0.0006
14	25.498	25.415	25.323	25.266	25.205	25.594	25.478	25.381	25.317	25.184	0.0026
15	25.506	25.405	25.324	25.242	25.19	25.584	25.496	25.373	25.299	25.183	0.0052

图 7.5 Excel 中公式输入示意图

同样的任务，我们在 Python 中执行，如下所示。

YOU

data_temperature.xlsx
Spreadsheet

表头为电池编号，每一行代表每秒电池的温度值，请用 Python 程序分别计算每隔 5 s、10 s、20 s 的温度变化斜率值，并画出曲线。

AI 大模型

现在我已经成功加载了您的数据。数据看起来是一系列电池每秒的温度值，每列代表一个电池的温度记录。

接下来，我将计算每隔 5 s、10 s、20 s 的温度变化斜率。斜率可以通过计算两点之间的温度差除以时间差来得到。例如，第 5 s 的斜率是第 6 s 的温度减去第 1 s 的温度，然后除以 5。

完成斜率计算后，我将绘制每个电池的温度变化斜率曲线图。我将从计算开始。

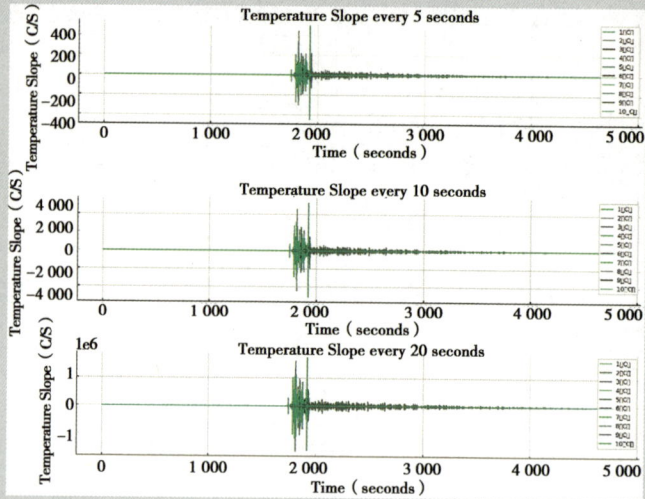

AI 大模型

这是每隔 5 s、10 s 和 20 s 的温度变化斜率曲线图。每个子图展示了不同时间间隔的温度变化斜率，其中横轴表示时间（s），纵轴表示温度。

YOU　请用不同颜色区分不同电池的斜率。

AI 大模型

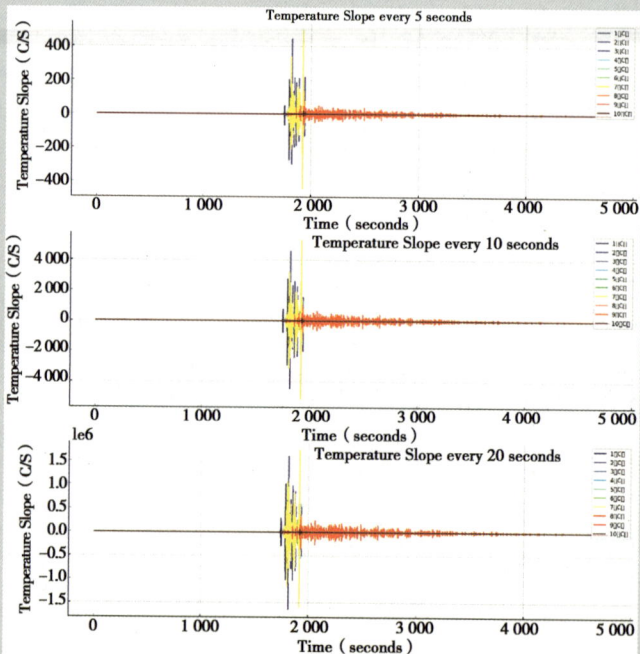

> **AI 大模型**
>
> 现在的图表中，不同电池的温度变化斜率用不同的颜色表示。每个子图展示了不同时间间隔(5 s、10 s、20 s)的温度变化斜率，横轴表示时间(s)，纵轴表示温度变化斜率（ ℃ /s ）。每个电池对应一种颜色，可以通过图例来区分。

AI 大模型不仅能按要求将斜率的变化图画出来，还能提供 Python 的代码。可以通过点击代码中的［ >_ ］来查看，如图 7.6 所示。

我们可以基于 AI 大模型提供的代码，进一步定制化开发，完善计算程序。

此外，通过 AI 大模型提供的斜率图，我们可以清晰地发现蓝色斜率曲线最先达到峰值，说明 1 号电池（蓝色）最先发生热失控，这也和实验过程相吻合，随后黄色斜率曲线达到另一个峰值，说明经过热蔓延，7 号电池（黄色）有可能随后发生热失控。

整个电池模组中，首先 1 号电池通过热诱发发生了热失控，在达到热失控最高温度后的第 26 s 时的 3 号电池和第 27 s 时的 2 号电池，几乎同时发生了热失控，接着剩余的电池也相继发生了热失控。

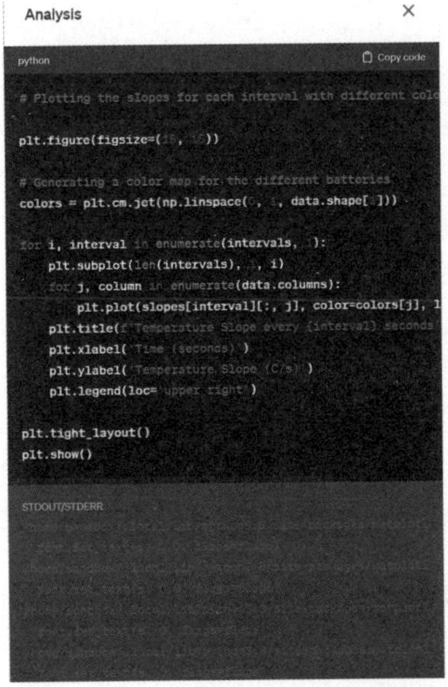

图 7.6　AI 大模型提供的代码图

按照 AI 大模型给出的实验框架，我们进行多次实验，发现一个比较极端的情况：电池模组热失控时，实验温度数据显示，仅有 2 个电池单体发生热失控，其他电池都未出现明显的温度上升，尤其是远离 1 号电池的其他电池，基本温度没有变化。

同样地，借助 AI 大模型分析 100%、75% SOC 下电池模组热蔓延温度变化，此处不再赘述。

7.4　小结

电池的数据处理是锂离子电池行业的研究人员、工程师、学者最常面对的工作和任务之一。利用 AI 大模型的数据处理能力，能极大地提高工作效率，让我们从单调、重复、繁重的工作中解放出来。本章通过分析实验数据，展示了 AI 大模型数据清洗、数据分析的能力，以及如何结合 Python 和 VBA 程序进行批处理和数学计算。同时，还介绍了 AI 大模型的代码修正功能。需要强调的是，所介绍的内容只是 AI 大模型数据处理能力的冰山一角，希望能抛砖引玉，更多的还需要读者亲自探寻。

参考文献

［1］SURAMEERY N M S, SHAKOR M Y. Use chat gpt to solve programming bugs[J]. International Journal of Information Technology & Computer Engineering, 2023(31): 17-22.

［2］江涵丰 .ChatGPT 时代：ChatGPT 全能应用一本通 [M].北京：北京大学出版社，2023.

［3］斋藤康毅 . 深度学习入门基于 Python 的理论与实现 [M].北京：人民邮电出版社，2018.

［4］张俊红 . 利用 ChatGPT 进行数据分析 [M] . 北京：人民邮电出版社，2023.

［5］HASSANI H, SILVA E S. The role of ChatGPT in data science: How AI-assisted conversational interfaces are revolutionizing the field[J]. Big data and cognitive computing, 2023, 7(2): 62.

［6］FINK M A, BISCHOFF A, FINK C A, et al. Potential of ChatGPT and GPT-4 for data mining of free-text CT reports on lung cancer[J]. Radiology, 2023, 308(3): e231362.

第 8 章

AI 大模型在实验理论探究中的应用

8.1 概述

在第 6 章中，我们设计了热失控蔓延实验方案，模组按照矩形排列，通过热电偶触发在角落的电池热失控，同时记录模组中每个电池的温度。这种设计包含了对热失控蔓延规律的猜想，即认为电池热蔓延是通过单体电池间的接触进行热传导。按照方案开展实验后，我们需要思考，通过数据分析是否能支撑上述猜想？是否存在与猜想相矛盾的数据表征？通过这些表征能否归纳总结出理论的新机制和新规律？这个阶段非常考验研究人员的理论构建能力、归纳能力和想象能力，那么 AI 大模型能否发挥相应的辅助作用呢？

8.2 借助 AI 大模型开展理论分析

首先，我们可以借助 AI 大模型提供的机制和规律分析的思路，在此基础上结合实验结果，选出与实际情况最吻合的解释。

YOU

你是锂离子电池专家，请说明矩形排布的电池模组热失控蔓延机制。

AI 大模型

锂离子电池模组的热失控蔓延机制是一个复杂的过程，涉及多种物理和化学现象。在矩形排布的电池模组中，这一过程尤为关键，因为电池之间的相对位置和间隔可能对热失控的传播有显著影响。以下是热失控蔓延的主要机制和考虑因素：

电池内部的热失控：热失控是指电池内部温度和压力失控，通常由过充、内部短路、物理损伤或过热引起。这会导致电池内部化学反应失控，产生大量热量和气体，进而引发温度进一步上升。

邻近电池的加热：当一个电池发生热失控时，由于产生的高温，周围的电池也会受到加热。如果这些电池的温度超过了其热稳定性极限，它们也可能发生热失控。

热传导和辐射：热量可以通过热传导和热辐射从一个电池传递到相邻的电池。在矩形排布的模组中，电池之间的距离和排列方式会影响热量传播的效率。

电池隔离和散热设计：电池模组的设计（包括电池之间的隔离和散热措施）对于控制热失控蔓延至关重要。良好的隔热材料和散热设计可以减缓或阻止热失控的传播。

热失控链式反应：一旦一个电池发生热失控，周围电池随后发生热失控的可能性增加，形成链式反应。在紧密排列的电池模组中，这种链式反应尤为危险。

压力波和物理损伤：高压气体的释放可能导致压力波，这可从物理上损伤邻近的电池，使其更容易发生热失控。

电池化学和状态：电池的化学成分、充电状态、老化程度等也会影响其对热失控的抵抗力。

> **AI 大模型**
>
> 为了防止热失控蔓延，电池模组的设计需要考虑到适当的隔离距离、散热通道，以及在极端条件下控制热量和压力的能力。此外，电池管理系统（BMS）的作用也非常重要，它需要能够监控电池的温度、电压、电流，并在异常情况下及时采取措施。

结合实验数据，我们发现电池模组温度变化呈现两个阶段：

第一个阶段，温度呈线性递增，各单体电池受相邻单体电池的影响，温度逐渐上升，这与 AI 大模型给出的解释之一相符，即热量通过热传导和热辐射从一个电池传递到相邻电池。该规律与实验设计初期的猜想一致。

第二个阶段，加热后的单体电池触发热失控，温度开始急剧上升，按照第一阶段的规律，电池模组发生热失控的顺序为，按距离热失控电池的远近，各个单体电池依次发生热失控，温度变化也是依次达到峰值。然而，多次的实验数据均不满足该规律。相反，除了被热电偶触发的热失控电池温度最先达到峰值，模组中的其他电池温度达到峰值的时间没有明显规律。换句话说，当发生热失控后，热传导和热辐射并非主导模组热蔓延的过程。

此外，在紧密排列的电池模组中，热失控电池周围的电池会发生热链式反应，但不是每个实验都有发生。鉴于多次实验结果不同，各条逻辑线比较分散，如果能形成一张思维导图，可更为直观、方便地解析矩形排布的电池模组热失控蔓延机制。

8.3　借助 AI 大模型辅助生成思维导图

1）XMind 简介

XMind 是一款思维导图软件，适用于个人笔记、学习整理、项目规划、团队协作等多种场景，是一个功能强大且灵活的工具。它的界面如图 8.1 所示，直观易用，初学者能快速上手。

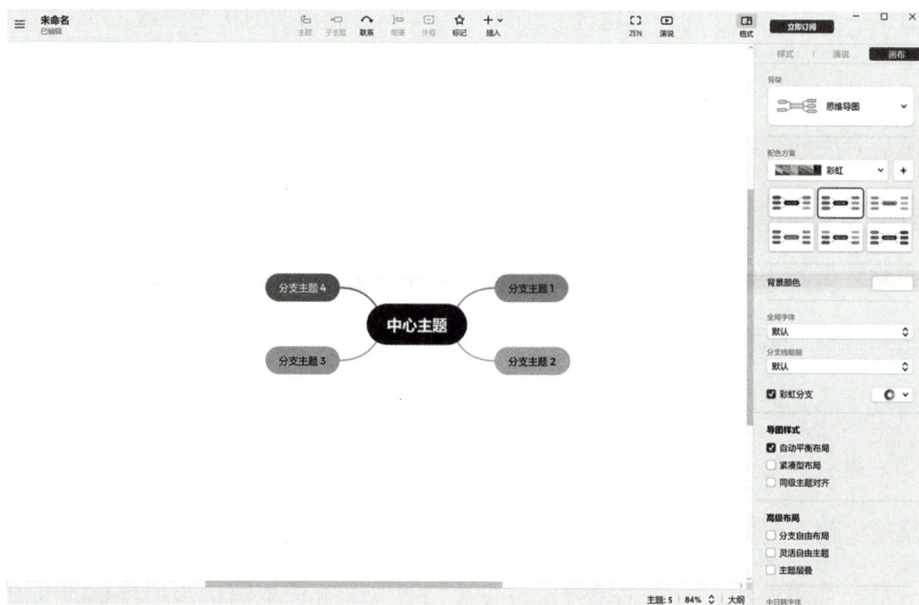

图 8.1　XMind 界面

XMind 的特色功能如下：

· 思维导图制作：XMind 允许用户创建思维导图，这是一种将信息以树状结构组织的图表。这对于梳理思路、规划项目、整理复杂信息等场景非常有用。

· 多样化的图表类型：除了传统的思维导图，XMind 还支持鱼骨图、矩阵图、时间轴、组织结构图等多种图表类型，以适应不同的需求和场景。

· 模板和样式：XMind 提供了多种预设的模板和样式，方便用户快速制作图表，同时也可以自定义设计来满足特定的视觉要求。

2）快速制作思维导图

为快速厘清电池模组热失控蔓延机制的关键要素，我们可以借助工具将脑海中所有的猜想罗列出来，拆解问题，利用工具可视化这些想法。例如，我们可以采用日本管理大师石川馨先生发明的鱼骨分析法，找出引发问题的根本原因。其基本原理如下：针对一个问题（作为鱼头），列明产生问题的大要因（鱼骨主干），从大要因继续深入细分，挖掘小要因（鱼骨分支），如此一层层挖掘分析下去，直至找出可以解决问题的方法或行动的步骤。

下面借助 AI 大模型和 XMind 软件快速制作鱼骨思维导图，帮助我们厘清多个热蔓延实验中的多个逻辑线。步骤如下：

①借助 AI 大模型梳理热蔓延规律。

> **YOU**
>
> 你是锂离子电池专家，请梳理矩形布置的电池模组热蔓延规律，用 Markdown 代码输出。
>
> **AI 大模型**
>
> 当然，以下是针对矩形布置的锂离子电池模组热蔓延规律的梳理，使用 Markdown 格式进行编写：

AI 大模型

.# 矩形布置锂离子电池模组的热蔓延规律

矩形布置的锂离子电池模组在发生热蔓延时表现出一系列规律，这些规律对理解和防控热蔓延至关重要。

1. 热蔓延的起始

- **起始条件**：热蔓延通常起始于电池的过热或损坏，可能由过充、过放、内部短路或外部损伤引起。

- **初期表现**：起始电池温度迅速升高，可能伴随有烟雾或气体释放。

2. 热传播机制

- **直接热传导**：相邻电池间通过直接接触传递热量。

- **辐射和对流**：热量也可以通过辐射和对流方式传播到更远的电池。

3. 影响因素

- **电池间距**：电池之间的距离影响热量传播速度和效率。

- **模组设计**：包括电池排列方式、使用的隔热材料等。

4. 热蔓延速率

- **蔓延速度**：不同的电池类型和模组设计会导致热蔓延速率的差异。

- **温度阈值**：达到一定温度后，蔓延速率可能加快。

5. 安全防护

- **隔热措施**：合适的隔热设计可以延缓热蔓延。

- **热管理系统**：有效的热管理系统能够减缓或阻止热蔓延。

6. 研究与应用

- **实验研究**：通过实验研究可更准确地理解热蔓延规律。

- **应用指南**：热蔓延规律的理解对电池模组的设计和应用具有重要指导意义。

通过深入分析这些热蔓延规律，可以为锂离子电池模组的安全设计和使用提供重要参考。

②将生成的 Markdown 代码复制粘贴至 txt 文本编辑器中，如图 8.2 所示。

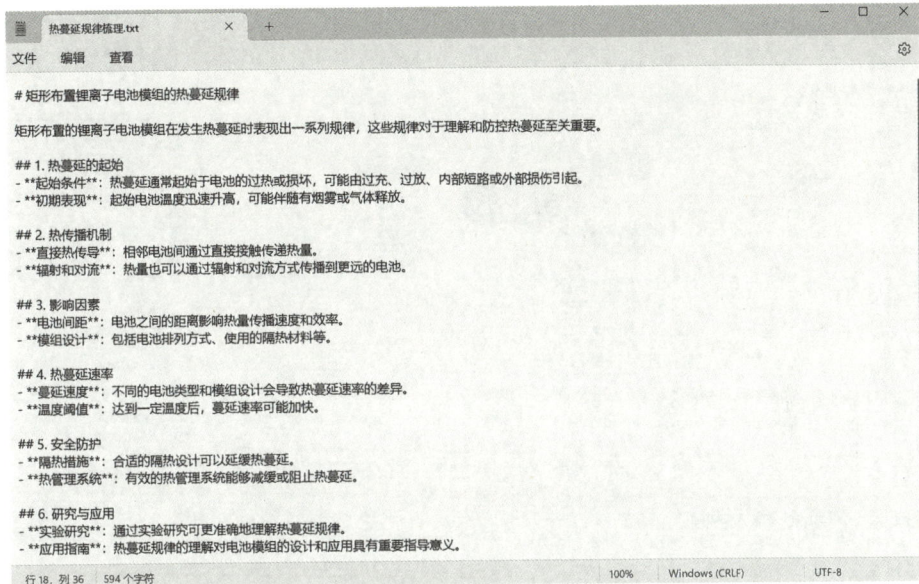

图 8.2　文本复制界面

③保存为 txt 格式的文件后，点击右键修改文件名称，将"热蔓延规律梳理 .txt"的后缀改为"md"，如图 8.3 所示。

④打开 XMind 软件，选择文件→导入→ Markdown，选择"热蔓延规律梳理 .md"文件，如图 8.4 所示。

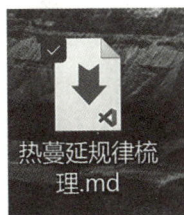

图 8.3　Markdown 格式的图标

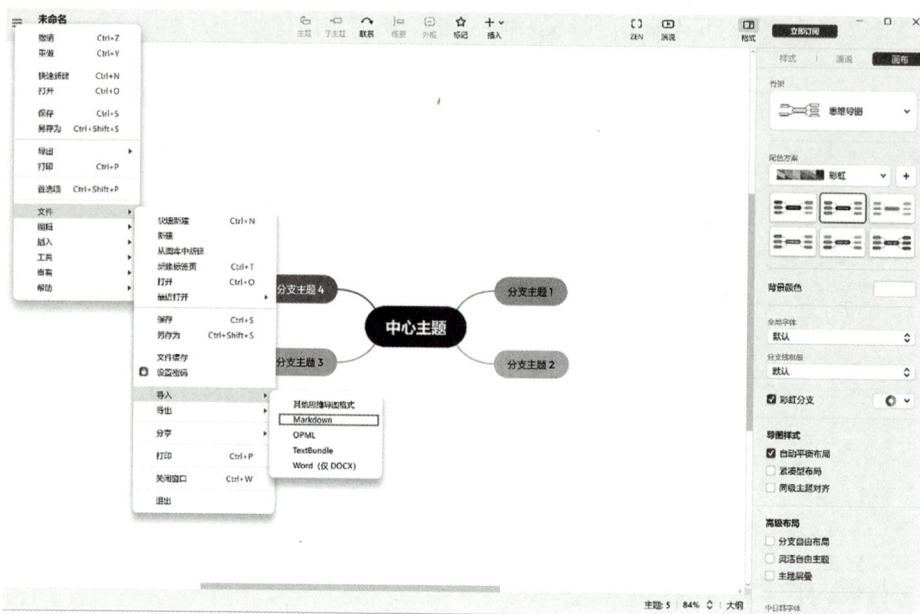

图 8.4 XMind 导入界面

⑤选择画布→骨架→思维导图，将思维导图的格式修改为鱼骨图格式，如图 8.5 所示。

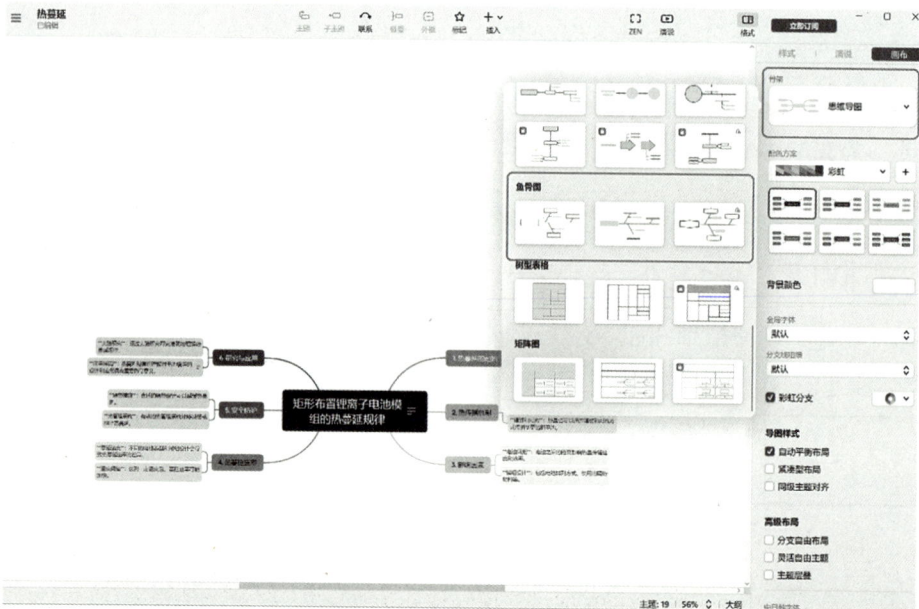

图 8.5 XMind 思维导图骨架更改界面

⑥形成鱼骨图后导出画布，如图 8.6 所示。

按照以上步骤，可以快速得到鱼骨思维导图，但部分内容不符合 8.2 节理论分析的需求，我们在此基础上，把已有的实验数据结论丰富进现有的鱼骨图中，同时删去不相关的内容。

3）理论探究

我们使用鱼骨思维导图工具，进一步梳理电池模组热失控蔓延机制的关键要素，发现在之前的分析中忽略了电池单体热失控后电解液、可燃气体的燃爆和喷射现象。当锂电池发生热失控时，由于内部化学反应，会产生大量可燃气体，气体导致电池内部压力增大，促使泄压阀打开，内部可燃气体伴随部分电解液从电池顶部的泄压阀处喷射出来，发生燃爆。

结合实验的实际情况，由于单体电池依靠镍片进行电气连接成组，电池的泄压阀在一定程度上会受到镍片的遮挡。高温高速的电解液若受到镍片阻挡，容易改变运动方向而向四周随机喷射扩散，影响邻近的电池。因此，猜测电解液喷射可能是导致电池热失控随机且快速蔓延的原因。

由于实验过程中缺乏高速摄像机，我们难以观察到发生热失控后电解液喷射的过程。那么，AI 大模型能否提供一个实验来证明猜测的合理性？

♟ YOU

如果没有摄像机，能否设计一个实验装置，证明电解液喷射可能会导致电池热失控随机且快速蔓延。

◉ AI 大模型

设计一个实验装置来证明电解液喷射可能导致电池热失控的随机且快速蔓延，即使没有高速摄像机，也是可行的。这样的实验需要着重于捕捉和分析电解液喷射的影响，同时确保实验安全。以下是一个基本的实验设计：

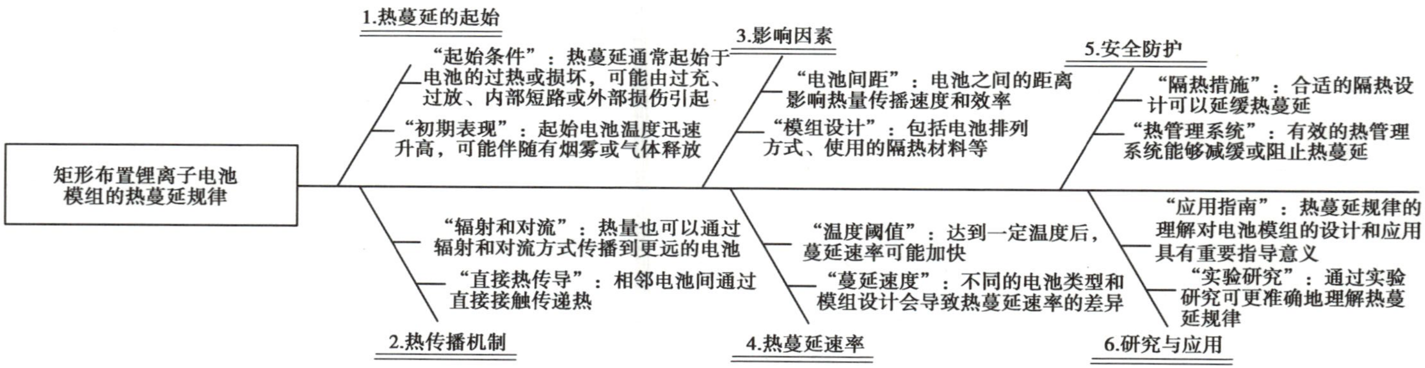

图 8.6 鱼骨思维导图

矩形布置锂离子电池模组的热蔓延规律

1.热蔓延的起始
- "起始条件"：热蔓延通常起始于电池的过热或损坏，可能由过充、过放、内部短路或外部损伤引起
- "初期表现"：起始电池温度迅速升高，可能伴随有烟雾或气体释放

2.热传播机制
- "辐射和对流"：热量也可以通过辐射和对流方式传播到更远的电池
- "直接热传导"：相邻电池间通过直接接触传递热

3.影响因素
- "电池间距"：电池之间的距离影响热量传播速度和效率
- "模组设计"：包括电池排列方式、使用的隔热材料等

4.热蔓延速率
- "温度阈值"：达到一定温度后，蔓延速率可能加快
- "蔓延速度"：不同的电池类型和模组设计会导致热蔓延速率的差异

5.安全防护
- "隔热措施"：合适的隔热设计可以延缓热蔓延
- "热管理系统"：有效的热管理系统能够减缓或阻止热蔓延

6.研究与应用
- "应用指南"：热蔓延规律的理解对电池模组的设计和应用具有重要指导意义
- "实验研究"：通过实验研究可更准确地理解热蔓延规律

AI 大模型

实验目标：

·验证电解液喷射在锂离子电池热失控蔓延中的作用。

实验设备和材料：

·锂离子电池模组：多个锂离子电池紧密排列，形成一个模组。

·温度传感器和压力传感器：监测电池温度和压力。

·外部加热装置：例如电阻丝，用于诱发电池热失控。

·电解液捕捉装置：如布置在电池周围的吸收材料，用于捕捉喷射的电解液。

·隔离舱：确保实验安全进行。

·数据采集系统：收集传感器数据。

实验步骤：

·安装传感器：在电池模组中安装温度和压力传感器，并连接到数据采集系统。

·准备电解液捕捉装置：在电池模组周围布置吸收材料，以捕捉可能喷射的电解液。

·诱发热失控：使用外部加热装置对电池组中的一个电池加热，诱发热失控。

·监测和记录：记录传感器数据，观察电池热失控的传播情况。

·检查电解液分布：实验结束后，检查吸收材料，分析电解液的分布情况。

安全措施：

·实验应在专业实验室中进行，由经验丰富的研究人员执行。

·实验区必须具备良好的通风和隔离条件。

·应有紧急应对措施和灭火设备。

·所有操作人员须穿戴适当的个人防护装备。

数据分析：

·分析电池模组内各电池的温度和压力数据，特别是热失控蔓延的速度和模式。

·通过分析吸收材料上的电解液分布，确定电解液喷射的范围和强度。

通过这个实验，我们可以观察到电解液喷射的存在和其对邻近电池的潜在影响，从而推断其在热失控蔓延过程中的作用。这种方法虽然没有高速摄像机直观，但仍能提供有价值的数据和见解。

AI 大模型提供的思路是准备一个电解液捕捉装置，并在电池模组周围布置吸收材料。在实验室中，吸收电解液的材料通常为海绵、纱布或其他多孔材料，这些材料在高温下容易燃烧。我们基于 AI 大模型的思路作逆向思考：既然收集电解液存在困难，我们能否采取措施让电解液定向喷射，避免影响周围的电池，以此说明电解液扩散对热失控传播的影响。

基于这种思路，如图 8.7 所示，我们采用套筒，将其套在电池正极处，人为地为电解液喷射物提供一个疏导通道，该套筒可有效避免喷射物对周围电池造成影响。同时，套筒放置在电池上可提供一个支撑位，固定电池组，使电池紧密贴合，从而保证热传导对电池热失控蔓延的影响与初始采用镍片进行实验时相同。

通过这种设计，电解液喷射物在喷射过程中受到套筒的阻挡和引导，通过套筒引流向外部空间分散，而不会影响到周围电池。同时，这种方法也能够区分电解液喷射和热传导（辐射）对热传播的贡献，即电池热失控的传播机制。

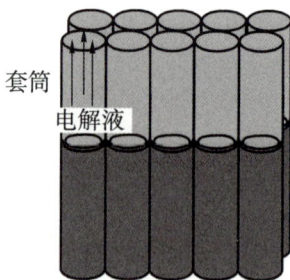

图 8.7 电池套筒设计示意图

8.4　小结

在实验理论探究的过程中，AI 大模型能结合 XMind 思维导图等工具，通过多种形式，帮助我们拨开思维的迷雾，提炼实验逻辑线，发现关键因素的主要矛盾，从而化繁为简。此外，依靠文本生成能力，结合逆向思考的方法论，AI 大模型可为理论的推理和归纳提供多种可能性，给出多维度的思考方向，启发我们在探究过程中的猜想，为理论探究提供了一盏明灯。

参考文献

［1］李晋，王青松，孔得朋，等 . 锂离子电池储能安全评价研究进展 [J]. 储能科学与技术，2023，12(7): 2282–2301.

［2］申锡江，段强领，秦鹏，等 . 三元锂离子电池组热失控阻隔及其传热特性实验研究 [J]. 储能科学与技术，2023，12(6)：1862–1871.

［3］王青松，平平，孙金华 . 锂离子电池热危险性及安全对策 [M]. 北京：科学出版社，2017.

［4］金阳 . 锂离子电池储能电站早期安全预警及防护 [M]. 北京：机械工业出版社，2022.